泛资源分析

赵曾贻　著

南京大学出版社

图书在版编目(CIP)数据

泛资源分析 / 赵曾贻著. —南京：南京大学出版
社，2021.12
ISBN 978 - 7 - 305 - 25243 - 3

Ⅰ.①泛…　Ⅱ.①赵…　Ⅲ.①资源科学—分析　Ⅳ.
①P96

中国版本图书馆 CIP 数据核字(2021)第 272902 号

出版发行　南京大学出版社
社　　址　南京市汉口路 22 号　　　　　邮　　编　210093
出版人　金鑫荣

书　　名　泛资源分析
著　　者　赵曾贻
责任编辑　甄海龙　　　　　　　　编辑热线　025 - 83595840

照　　排　南京开卷文化传媒有限公司
印　　刷　江苏凤凰通达印刷有限公司
开　　本　787×960　1/16　印张 11.5　字数 200 千
版　　次　2021 年 12 月第 1 版　2021 年 12 月第 1 次印刷
ISBN 978 - 7 - 305 - 25243 - 3

定　　价　58.00 元
网　　址：http://www.njupco.com
官方微博：http://weibo.com/njupco
微信服务号：njuyuexue
销售咨询热线：(025)83594756

通则不痛不通
则痛短痛不如
不痛生志好了
就全雷贯通

扬州儒生

题词说明

　　"通则不痛，不通则痛。"原本为中华医学之辩证论述。意指人体生理与经络之间，人类健康与脏器气息和新陈代谢之间的辩证关系。然则对于人之精神状态和思想，也是全然有相同的道理。不掌握思维规律，离开了辩证唯物主义对立统一的分析方法，必然对错综复杂的社会现象看不透、理不清！如果还受庸俗哲学、实用主义影响，则易陷于思想之困惑、精神之痛苦。甚至导致忧郁病态，成为悲剧！而要解决生理之不通、精神之困惑，办法并不以所谓短痛之极端手段，而是学会掌握其本身之规律、原理，重新恢复起生理生态和精神健康生态，便自然排除苦痛而自强自信也！

　　本书分析资源也是为了还其本身存在的泛化趋向和其运动的生态规则，更利于人类与自然之和谐发展。特请扬州张平老师留下墨迹，与大家共勉！

序 言

　　我毕业于自动化专业,硕士是读的南京理工大学自动控制专业。毕业后开始是搞工业控制,那时感觉现代信息技术、控制技术对工业现代化太重要了。那时国务院有电子振兴办公室,无锡是试点城市,也有电子振兴办。当时政府把各类项目都归入"电子信息技术改造传统产业"的范围管理。根据要求,就有项目的效益预估和评价问题,而从技术角度讲,当时评价要求很模糊,特别是在当时条件下,用单纯经济效益指标来评价技术进步,往往有些牵强附会,隔靴搔痒。后来计算机信息类项目多了,信息管理系统等项目也多了,如何评价成为大家关心的一大问题,引起众多讨论。后来在工作中发现评价这类问题还是关系很大的问题,不仅是项目评价,企业评价也发生了许多情况。如公有制企业、国营企业都被说成效益不好,不能发挥积极性,管理落后等,都要改制,很难理解。我们从事的教育事业的评价也出过不少问题,许多学校老师教得好与坏,主要靠学生打分来评定了。一个时期各类学校都要有统一的标准来评定合格和优秀。这些问题让我始终感觉到对评价这个学问、是否存在这样一个学科? 是否有规律与规矩?

　　钟义信院士给国家领导人讲信息科学技术发展,以及他的《信息科学原理》引起了全国广大科学技术人员关注,对推进信息化、工业化,推广信息技术应用是巨大促进。同时也逐步使人认识到其实大多数评价问题是与对资源的认识与对资源的评价相关的,评价的核心是"有用性"与有用程度。而资源最本质的特点不就是有用的事物吗? 这就转到关注资源的问题上来了。2002 年有幸在清华大学 CIMS 中心做高访,在陈禹六教授指导下,跟着中心团队的领导和团队同事们学习了更多系统思想、集成思想。其实那时大家对资源的认识已经泛化,对企业系统和一般系统的描述,都已经扩大到包括物质、能量和信息等资源的内外关系上。但在技术上可能限于学科壁垒,国内外在构筑企业资源视图和在系统中关于企业资源运行的设计,实际还限制在物质资源上。回到江南大学后,我始终在电子信息教育一线,2005 年又承担新办信息安全专业教育任务。所带硕士研究生课题主要集中在企业泛资源泛逻辑分析建模等问题方面。2005 年教育部组织新型课程建设和学习科学学习班,期间聆听了桑新民教授团队的学习科学研究成果,收益匪浅。后来在江南大学也开出公选课《大学学习理念与技术》,并开设讲座"从信息科学到学习科学"。并开始形成对广义资源的认识视角。

1. 泛资源已经不是个趋向的问题,而是一个客观现实。

资源概念和词汇的应用已经广泛深入各行各业、所有领域,不管是企业事业、政府行政、社会团体、国际组织,无一不把资源看重,无不在努力争夺资源,研究如何处置资源。

2. 泛资源应用和研究的一些障碍是学科壁垒。

考察一下中外学科,虽然上世纪八十年代后世界各国建立起综合学科有"资源科学",而且该学科专家也注意到泛资源的问题,但限于传统,目前只限研究自然资源的一部分。虽然有众多的"人力资源部",但其只研究人力问题。虽然有"经济学",研究资源运动及效率,但发现其对广义资源分析研究也受到限制。科学分类促进了科学的发展,科学发展又离不开科学的评价。如何评价科学的社会总体需求和效益,包括评价自然科学的社会效益,又几乎都交给了社会科学去进行。社会科学本身如何评价? 如何评价自然科学? 又是逐步从自然科学的思想和方法来解决这类问题。系统思想、信息观念、集成技术、网络工具成为了当今评价系统的主要支撑。跨学科的领域实际上不断涌现,工业工程、资源科学、人工智能、安全类(信息安全、食品安全、健康安全、金融安全等)学科都是集成了跨学科研究人员的领域。人类面临的病毒侵犯和环境恶化也必须从广义资源的角度进行全资源的调度应对,才可能解决。而综合学科的发展几乎都牵涉到泛资源的认识和应用问题。

3. 感谢南京大学大出版社支持本书。

张基温教授向南京大学出版社推荐了我的书,感谢南京大学出版社支持我写本书。2002 年在清华 CIMS 中心做高访时,学习和收集了大量有关评价、资源、集成、企业、生产制造等方面的资料,并开始分析泛化的资源问题,所有的资源应该有共性的东西,这些共性的东西到底是什么? 怎么样从总体进行划分分析,力图搞清资源变换、替换的一般规律。其后所带有几名硕士课题是研究关于"泛资源泛逻辑下的企业评价"方向。可以看作写本书的某些准备工作。

4. 本书主要内容。

所写《泛资源分析》仅初步集中在两方面。第一方面分析泛资源的表达表述。包括概念定义、性质分类、建模、资源伦理和评价。从泛资源视角出发,许多概念的认识和范畴有了新的变化,似更精准客观。并提出了代理资源、表达资源、评价资源等概念和应用。

第二方面初步分析泛资源运动。包括资源开发、资源变换、资源替换。提出了资源运动的集成性、熵补性、生态性规则。由于经济学、资源科学和人力资源研究已经有强大的体系和成果积累,本书分析尽量避开这三部分已有研究,但既然是分析泛资源,还是不可避免有地方会涉及相关内容。本书对自然资源的分析相对少些,主要分析社会资源和信息资源更多些。

　　本书目的想要引起更多学者和普通泛资源应用者的关注和使用，书中尽量采用常识型语境叙事，尽量简化论述，以适应更广泛读者参考使用。

　　由于跨学科涉及范畴广，本人学识水平有限，分析错误与不当必然存在，需要多方指导指正。希望能引起大范围对迫切需要的泛资源进行关切与研究，并能应用先进表达资源更好地表达资源、应用规范全面有效的评价资源客观地评价资源、运用资源运动的规则更好地进行社会发展规划，更好地处置社会生产和消费的发展。

赵曾贻

2020.9

资源是人类生存与发展最基础的事物。人类生存发展的过程几乎是围绕着对资源的认识进行的。国内外高校现在都有资源科学学科，但主要都还仅集中于自然资源的研究。对于广义资源（泛资源）的研究已经引起资源科学的注意，提出应该扩充资源的研究范围。但由于跨学科范围广、关系复杂，尚缺少全面综合性研究。而资源的概念和词汇的应用现在已经广泛深入各行各业、所有领域，不管是企业事业、政府行政、社会团体、国际组织，无一不把资源看重，无不在努力争夺资源。所以，泛资源研究的需求越来越大。本书主要就泛资源进行初步分析，以引起普遍关切和广泛的研究。

目 录

1

资源的概念与定义

本章主要内容

　　本章简要回顾人类对资源的认识过程，介绍资源科学等资源研究相关学科目前研究方向，进而分析了资源概念的使用和资源定义泛化的现状，并分析了资源与人类发展的根本性关系。

1.1　人类对资源认识的发展

　　人类脱离一般动物进化成古猿人的关键标志，其实就是人学会了应用材料资源制作工具。但在远古时期，人类对资源是没有成熟认识的。

　　由于那时人类应对和处置自然世界的能力十分弱小，所以首先感知强烈的是其得以生存的环境。人类认知到环境对其生存是十分严酷的，各种灾害如地震、洪水、暴雨、烈火，乃至野兽、毒虫等都直接导致其倒下死亡。所以，对人类首要的问题是有相对安全的居地，山洞、树巢、地下坑等成为主要选择。而其时人类的食物则依然以野生果实种子和狩猎物为主。

　　直至到奴隶制时期，人们开始认识到人的劳力资源的重要性，把掠夺奴隶作为资源财富争夺的重要内容。那时财富增加和人造物的建设都是纯粹靠海量劳力的付出来实现的。

　　当农耕和畜牧业开始发展并成为生产的主业后，人类开始认识了资源，作为关乎到其生存、发展和财富积累的根本性条件。在那时以来相当长的历史时段中，人类争夺最厉害的、不惜以战争和生命为代价的就是土地、水域、山林等基础自然资源。在生产和战争发展的需求中，人类逐步对物质材料资源加深认识，从石制、木制材料工具发展到金属工具和复杂的工具机构。

近代以来发生的"工业革命"其实资源本质是"能源革命"，它是以人类开始较深刻地认识"能源"资源为标志的。人类对地球储存的太阳能资源，主要是煤炭和石油的认识加深，利用其做出了动力工具，进而缩短了整个世界的物理距离，也极大提高了生产效率，获取了更多生产效益和生活资源。

1.2 资源学科

工业革命以来虽然人类对资源的认识快速加深，资本主义生产方式导致了对资源争夺的全球化、全面化、尖锐化和系统化。但资源学科是直到上世纪八十年代后才开始形成的。这些资源学科与相关专业很多是从原来地球物理类专业发展而来的，以研究自然资源为对象，涉及土地、水域、森林、矿产、海洋等研究，以及人类和自然的关系、人类发展规划等方面的研究。

随着经济学等学科的发展应用，特别是信息化、全球化趋势的进展，资源概念逐渐流行并泛化，"资源"一词已经几乎被一切学科领域广泛使用。对资源学科的需求使得"资源科学"这样的综合学科被建立起来。但迄今为止，该学科的招生和研究方向尚局限在自然资源方面，对广义资源（泛资源）的学习和研究尚为薄弱。所以，本书则旨在从广义资源的视角来审视和分析实际已经泛化的资源领域和资源问题，作出新的多视角的阐述。没有特殊说明，本书后面所用"泛资源"和"资源"，都是指广义资源。

1.3 资源的定义

我国资源科学专家指出**资源是人类生存与发展的物质基础，主要是指自然资源**。马克思在《资本论》中说："劳动和土地，是财富两个原始的形成要素。"恩格斯指出"其实，劳动和自然界在一起它才是一切财富的源泉，自然界为劳动提供材料,劳动把材料转变为财富。"(《马克思恩格斯选集》第四卷,第373页,1995年6月第2版。)马克思、恩格斯的定义,既指出了自然资源的客观存在,又把人(包括劳动力和技术)的因素视为财富的另一不可或缺的来源。可见,资源的来源及组成,不仅是自然资源,而且还包括劳动力因素,即人类劳动的社会、经济、技术等因素,还包括人力、人才、智力等。

从现在广泛使用资源概念的各个学科对其实际应用的含义来说,上述定义已经偏窄。分析现在所有各学科所用资源概念中的共同的含义,本书所指的广义资源,**定义为:资源是一切对人类生存发展有用的事物。**这里所说的资源不仅可以是物,也可以是事,可以是非物质形态的东西。**资源广泛地存在于自然界和人类社会中,是所有可以用以创造物质财富和精神财富的具有一定量的积累的客观存在形态。有用性是资源最本质属性。**但"有用"是有着时空和对象的相对限定度量的,这将在资源评价和决策中具体讨论。

近些年来,资源科学领域专家已经关注到资源泛化的问题。封志明教授在分析资源学科发展时就引出资源学者的看法:石玉林先生指出,以资源为研究对象的资源科学,是一门研究资源系统结构与功能及其优化配置的综合性科学,它由自然资源学、社会资源学与知识资源学三大部门组成。资源科学的主要任务就是揭示自然资源与劳动力资源这对基本矛盾的相互关系和运动规律,研究各类资源系统的结构和功能及系统内部和系统之间的相互关系。资源科学属于应用基础学科,目的在于高效利用资源与优化配置资源,促进国民经济和社会的持续发展。沈长江先生把资源科学进一步表述为以资源及其管理为对象,研究资源的形成、数量、质量、结构、功能及其开发利用与保护管理的学问。他把分属于自然资源、社会资源、经济资源与知识资源等不同资源领域中的分支学科,在资源属性的基础上统一起来,构成了一个具有整体性观念与多源性特点的综合性学科群。认为资源科学既继承了传统学科中有关资源与资源管理的内容,又区别于传统的地学、生物学、经济学与社会学等的学科体系。[1]

1.4 资源与人类

财富的概念比资源要难定义得多,本书认为:一切现实的和隐形的价值总量为财富。

人类一切财富是由资源转化而来的。直接拥有自然资源如土地、矿产等就直接拥有了财富。一切非基础自然资源的财富要通过其它资源转化而来。

目前人类应用的三类基础资源是材料、能源和信息资源。其中许多材料和能源资源属于稀缺的自然资源。[2]

表 1-1　社会生产力的演进

生产力标志 ＼ 时代	古代	近代	现代
利用的资源	物质	物质＋能量	物资＋能量＋信息
生产工具特征	人力工具	动力工具	智能工具
生产力状况	农业社会生产力	工业社会生产力	信息社会生产力

人类社会的发展是由生产力和生产关系的矛盾运动发展决定的。而生产力的演进同人类对资源的认识有关。人类最先学会了利用物质材料资源来加工制作简单的生产工具,提高劳动生产力,这种"人力工具"要靠人力来驱动和操作,这大体是农业与手工业时代生产力的情形;后来,人类进一步学会了利用能量资源,把材料资源和能量资源结合在一起制造出新型的生产工具,产生了"动力工具",大大提高了生产效率。这种工具还是要靠人来驾驭和操纵,这主要是工业时代的社会生产力的情形。到了现代,人类逐步重视开发和利用信息资源,并把物质材料、能量资源同知识信息资源有机地结合起来,创造了不仅具有动力驱动而且具有智能和智慧控制的工具系统,为社会生产力的高速发展开辟了全新的前景。在传统经济中,人们对资源的争夺主要表现在占有土地、矿藏和石油等。而今天,信息资源和知识资源日益成为人们争夺的重点。

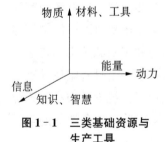

图 1-1　三类基础资源与生产工具

人类的生存和发展是依赖着资源,围绕着资源进行的。是随着对资源认识的深化和资源利用技术的进步而发展前进的。人类对三类基础资源的认识深化促进了生产力的革命性演化和发展。但人类对资源保护的认识往往滞后于对资源利用的认识。

本章结语

　　人类的生存和发展是依赖着资源,围绕着资源进行的。是随着对资源认识的深化和资源利用技术的进步而发展前进的。资源概念的应用已经扩展到各学科、各领域,使得资源涵义已经泛化,广义化了。本书分析提出了资源的广义定义:世界上一切有用的事物。对泛资源的分析研究已经是当今社会发展的迫切需求。

2

资源的性质与分类

本章主要内容

根据目前各领域对资源应用中的情况,本章分别从资源来源、资源使用方式、资源系统和生态方式进行了分类。对资源的主要性质:有用性、熵性、基础性、复杂性等进行了初步分析。

事物的性质总是可以被用作为定义和分类,对资源的主要性质和众多分类进行一些分析是十分必要的。资源分类可以从许多视角进行,本书从常用的几个视角来进行分类。

2.1 按学科来源分类

2.1.1 自然资源

自然资源是指自然界客观存在的对人类存在和发展有用的一切。主要有土地、森林、水域、海洋、大气、矿产等。随着人类所认识领域的扩展,自然资源的范围也不断扩展,如磁场、频率域、外太空等。自然资源服务于人类生活与社会发展,它是人类赖以生存与持续发展的物质基础。自然资源的有用性是一种客观存在,其不仅是对人类的存在和发展起基本作用,实际是对客观世界的运动起着根本性作用的。所以,资源定义的有用性应该不只是限定指对人类有用,其对其他生命,甚至整个世界的运动,还有其更客观有用的一面。客观世界的存在和发展,生态的形成,包括生命的产生和发展,其实都是基于自然资源的。

(1) 环境资源

环境是指生命体生存和发展所处的外部条件。主要有空间、阳光、土地、山脉、水域、海洋、大气、场等。自然环境是基本固定的资源,人力难以改变的资源,但其对人类生存发展有最基础的根本性影响。

(2) 矿产资源

人类使用的基础材料资源和能源资源主要来自矿产资源。煤炭、石油等能源资源的储量急速减少,成为主要的稀缺资源。象稀土类矿产等本身储量不多的矿产也都是稀缺资源。矿产的储量有根据科学估计的储量和已经探明的储量,有已经处于开发状态的矿产和尚待技术发展才能开发的潜在矿产。

(3) 生物资源

生物资源是指自然界有生命物体形成的资源。植物类资源有森林、竹林、芦苇、农作物等,动物类有养殖业的禽畜鱼虾等。生物资源都属于可再生资源,但是如原始森林类等长生命周期的生物资源难以在短期内再生,也是属于稀缺资源。整个生物界是存在生态关系的,所以植物之间、动物之间、植物与动物之间、动植物与微生物间都有复杂的依赖相关性,其中某一类的再生也是受其他条件制约和影响的。

(4) 时间资源

时间是事物存在和发展的基本计量。本书不把作为坐标方向的"时间"作为资源,而是把作为坐标上时刻的点,以及两点间的时间段作为时间资源。时间点表征了事物先后的次序,而时间段是和许多资源的定量耗费计算相关的。人们对计时单位确定后,这些时、分、秒、年、月、日等单位本身也属于资源范畴。

对人类来说,最基础的自然资源又是物质材料和能源两大类。但是,正如俗话所说"天底下没有弃物",自然界一切物质皆有可用之处,皆可为资源。另外,人类现在认识的还只是"可见"的自然界,也许在"不可见"的自然界还有着很多客观存在，自然世界是无限的，人类对世界的认识和对自然资源的认识也是无限的。

2.1.2 信息资源

信息是什么？尚有不同的定义，也和资源一样有狭义和广义的定义。本书这里应用广义的定义。**一切事物发生之时，同时伴随产生相应的"信息"作为客观记录与传播。** 对观察者人而言，这种记录可以是以语音、字符、光的显式形态被记录在媒介上。所以，信息来源于对世界事物的记录。[2] 这种信息对世界事物的记录也是客观存在的。

这样，**信息资源成为人类认识世界的源汇集成，成为人类历史发展的一个基础。** 同样，信息也成为人类得以改变世界的基础支撑。人类最早的生存是基于自然物质资源的，但后续的生存和发展越来越依赖于知识的生产。而知识就是信息的高级形态。人类文化的发展演进不仅以信息为基础，而且是随着对信息资源认识的深化而深化的。

2.1.3 社会资源

社会是具有交往关系的人所构成的，是人类活动和发展的形态。社会资源是人类的政治、经济和文化活动都涉及的资源。

（1）经济资源

来自于人类经济活动的相关资源被称为经济资源。而经济活动本身就是资源的加工和集成工程。 撇去前面已经介绍的物质材料、能源等基础自然资源和信息基础资源外，经济活动的重要资源有劳动力资源、金融资源、市场资源、生产方式资源、产业战略资源、经济模式和消费模式资源等。其中人力资源也往往被单独列出研究。

自然生态条件、文化生态条件其实也是经济发展的重要资源，但长期受经济模式影响不被重视，直到现代经济发展困难中才逐步被引起注视。

企业是经济系统的细胞，企业资源是经济资源中的重要内容，也是被广泛研究的领域。企业资源是企业生存发展的基本资源。

（2）政治资源

与政治活动相关的资源称为政治资源。政治是上层建筑领域中各种权力主体维护自身利益的特定行为以及由此结成的特定关系。所以，政治也包括了对经济研究和控制的领域。政治和经济一样，也是社会发展的决定性因素。

政治资源可以基本分为意识形态和权力两大类。意识形态资源包括伦理、信仰、思想、政党、社会组织、宣传传播媒介等资源；权力资源包括国家体制、军事、法律、行政、公共秩序等资源。

（3）文化资源

人类文化活动相关的资源称为文化资源。知识是信息的高级形态。**文化是人类对世界和社会认识的自我表达、历史沉淀和价值共识。**文化资源都产生于人类的劳动生产和对世界的认识之中。绘画、艺术、文学、体育、音乐等无不产生于劳动中，进而发展为独立领域。文化资源总是在历史坐标下向前积淀发展的。文化有着意识形态特征，但各类文化资源有其产生和发展的独特规律。

（4）人的资源

科学家钱学森曾经提出学科大类拟分为自然科学、社会科学和人的科学。把与人相关的学科归入人的科学研究。这样来看在资源分类上也可以把与人紧密相关的资源划为人的资源。把人力资源从经济资源中划出来，再包括医学资源、学习资源、心理学资源等归属人的资源。

2.2　按系统与生态方式分类

资源总是存在于某类系统之中，资源也会发展演变形成自己的生态或在其他系统生态中起作用。

2.2.1　可循环与可再生

资源的可循环可以分成几类情况。下面前两类一般称为可循环资源，其中第三类一般称为可再生资源。

第一类是指可全封闭式的循环使用的资源，比如空调的制冷剂、某些机构的冷却水等资源。

第二类是指通过社会环节可以回收循环使用的资源。如废金属材料、某些塑料化工材料、纸张等。

第三类是指通过自然生态可以再生的资源。这主要指农林业、养殖业等。其生产出粮食、木材等资源，都可以在正常自然条件下再生长而获得。其中有的是要通过种子等再次种植来再生，有的可以收割多次自动再生，比如芦苇、韭菜、再生稻等可以收割多次。可再生资源的再生周期和再生成本是值得研究和关注的问题。

由于资源约束对人类发展影响的越来越严峻，更多地采用可再生资源和更多地应用可循环资源方式应该是正确的资源选择方向。

2.2.2 基础与产品

在生产中，把相对于产出品的原材料、原始条件称为基础资源，把生产的产成品称为产品类资源。在传统自然经济中，农业的基础资源是土地、水、阳光和空气等，生产物是各类农林作物。在工业的第一产业中，其基础资源是石油、煤炭、矿石等，其产品资源是第二产业的基础资源，如钢铁、有色金属、塑料和化工原料、电力等。第二产业提供了各类装备和直接进入消费领域的产品。所以资源会在不同的产业中成为不同的基础和形成产品相对转换的资源链。

2.2.3 有形与无形

资源从形态上常常可以分为有形与无形资源。有形资源主要是自然物质资源和人力资源，无形资源主要是社会资源和信息资源。有形与无形两类资源在性质上和生态上显然是有很大不同的。

人类以往对有形资源研究较多，对无形资源研究尚较少。而无形资源的作用正越来越引起整个社会的重视。

2.2.4　固定与可流动

有些资源是相对固定而不流动的,比如土地、森林、厂房、机器(绝大多数装备可以移动,但在生产中是固定不流动的)。文化、历史、法律等资源也有相对固定性。固定资源的应用方式也是固定性的。而材料、能源、人力、资金、信息、思想等资源几乎总是处在流动之中,应用方式也是流动的。固定与流动资源也可以称呼为静态型和动态型资源。固定与流动两类资源对资源运动分析显然是有完全不同的意义的。

2.2.5　约束与被约束

有些资源在系统中是起约束性条件作用的,比如气象、环境、时间、稀缺矿产、紧缺人才、资金等,可以称为约束性资源。还有些资源则在系统中是被约束的,比如生成物、产出品、设计成果、作品等。

2.2.6　内部与外部

在所考察的系统内部和外部的资源分别称为内部资源和外部资源。比如企业的内部资源和外部资源。学校现在也把其外部资源称为社会资源,设立社会资源处。国家会通过外交部、外经部、对外文化交流部等处置其外部资源。

2.2.7　生产性资源和生活性资源

人类基本活动是可以分为生产和生活两大方面。生产活动是利用资源创造价值,也就是使得资源增值的活动过程,生活活动一般是耗费产品,耗费资源,让自己劳动能力得到恢复再生和休养生息培育后代的活动。生产和生活会用到同类资源,比如能源等,但所用用途不同。生产活动的产成品以生活用品为主,是为人类生活活动需求所用的。

2.3 按使用方式分

2.3.1 独占使用与共享使用

物质资源都具有在时间和空间上独占使用的属性,而信息资源、社会资源往往是在时间和空间上共享使用的。 独占使用资源由于在一定时间与空间上使用方的独占排他性,而会引起这类资源在时间空间上相对的稀缺性。共享资源的价值却会与其共享的程度相关。

2.3.2 单独使用与共同使用

有些资源必须是多个用户共同使用的,比如网络、电讯、邮政、新闻传播、广告、公共事业等。而有些资源主要是单独使用的,比如个人用品衣服类、食物类等。个人用品虽然可以分时被不同人使用,但在其使用方式上是按照个人单独使用设计的,而共同使用资源的设计生产实施都是按照共同使用方式进行的。

2.3.3 消耗使用、耐耗使用与增值使用

有些资源在使用中逐步被耗尽,称为消耗品。比如能源、食品、药品等。还有许多装备资源、土壤和工具资源则属于耐用品,经过长期的应用会逐步被消耗而失去功能。还有许多资源在使用中被增值了,比如信息、传媒、金融、文化、政治等。

2.4 按行业分

行业是社会人劳动工作所分的不同领域,不同的社会其划分会有些不同。社会主义新中国对行业的划分是较为科学有效的。这些行业的资源一般分

为：农业资源、教育资源、卫生资源、工业建造交通资源、商业流通资源、国防军事资源、安全资源等。

按照生产基本类型产业可以分为三类：第一产业是基本原材料生产，主要包括农林业、矿业、原材料化工业、冶金、科研机构等。第二产业又称为制造业，主要有装备制造、消费品生产、建造与交通、文化艺术体育等产业部分。第三产业又称为服务业，包括公共服务教育医疗社保、流通和商业等。

在实际业务工作中，人们是十分重视行业相关资源的，比如学习中会重视学习资源，行政工作会重视行政资源，企业重视企业资源等。

2.5 资源性质

资源虽然定义简洁，但其性质复杂，且其性质涉及层面很广很深。

2.5.1 有用性

资源最主要的限定是有用性。这里的"有用"是有效用，即有使用价值。它有几个方面来限定。

（1）有用是一种客观存在，其被用和没有被用时都存在有用性。

（2）其有用程度是随着时空的变化而相对变化的。

（3）其有用程度也是随人类对其认识程度的变化而变化的。

（4）其有用程度也是随着使用者和使用过程的变化而变化的。

有用性是资源的必要条件。

2.5.2 熵性

熵最早是描述数量走势的量。资源具有数量的走向趋势，资源都是可以计量的，并具有两类不同的走向趋势。

（1）有形资源的熵增性（耗费性）与稀缺性

在可见世界的有形资源都是相对有限的资源，在使用中都有被耗费被减少被稀释的特性(熵增性)。燃料被燃烧,空间被占据,水被用来灌溉、洗涤和饮用,纸张被印刷、写字等。金属材料、塑胶材料虽然可以被回收,但在使用中也有被氧化、磨损等消耗。人力资源中人类劳动力在使用消耗后要恢复,年老后要有后代更新,也是一种耗费性资源。

有限资源被耗费就是量的减少趋势。就形成稀缺性概念。**绝对稀缺性是指对整个地球和人类而言,总体有限的耗费型自然资源日趋稀缺的情形。**比如能源资源煤炭、石油,原始森林的贵重木材,稀有金属等。**相对稀缺性是指一定时间、一定范围内资源被控制性缺乏。**比如大面积农业灾害下的粮食短缺;疫情下的口罩、消毒剂短缺,甚至某些食品如猪肉、大蒜等被垄断控制而相对短缺。

(2) 信息资源和社会资源的熵减性(积累性)

信息资源和社会资源都具有熵减性。首先是其总量总是积累增加的;其次这些资源发展是趋向有序化集成,趋向复杂,在被使用中价值增高。知识资源是信息资源中很大一块,人类的知识是人类认识世界的积累,随着对物质世界认识的深入,人类所发现和发明的物质资源也越来越多,越来越广,其中包括对新的资源的认识和对同一物质新的用途的发现。同时,人力资源本身也在知识的发展中有量的增加和质的提高,整个社会资源、社会关系也是同时向前发展。

两类不同熵性的资源总是可以结合互补,也必然会结合互补的,我们可以称之为:熵补性。其含义在后续阐述。

2.5.3 可替换性和可组合性

(1) 可替换性

资源的可替换性是指所使用的一种资源可以用另一种资源来替换,或者是某些资源的组合用另外一些资源的组合来替换。

在具体替换中也有两种类型。一种是同类资源内的替换。比如能源类资源,原来用燃煤的改用燃油燃气,或改用电力;原来用铸铁的改用钢材。另一种是不同类甚至有不同质资源的替换,比如原来用钢材的改用塑料,甚至原来用硬件的改用软件或者软硬件结合来替换。人类的大部分技术其实是解决资源替换问题的,尽量采用熵减性资源替换替代熵增性资源是技术研究的重要方向,"仿真技术"就是这样一类重要的技术。

（2）可组合性

多种资源组合起来形成组合资源是资源运用的基本态势,物质资源、信息资源、社会资源基本都是可组合的,是组合运用的。这种组合可以是简单组合,但更多是有机的复杂的组合。

2.5.4　复杂性

复杂性是指事物间存在着集成性、系统性、多态性性、非确定性和非线性等关系。

（1）集成性

不管是在生产活动还是生活活动中,资源都不可能被单独使用,而是被与多种其他资源组合使用的。多种资源在生产和生活活动中组合形成集成性系统,即各种资源之间是有关系的,是有机构成整个生产和生活系统的。比如制造业生产中,材料资源、能源资源、场地空间资源、人力资源、资金资源、时间资源、下游需求资源等都有着相互制约关系、数量关系和协同关系等,是处于整个集成系统之中的。所以,**集成性是指多种资源间存在着的复杂的依赖和协同关系。**另外,同一类资源的集成性则体现在其可以分类为大类、中类、小类、品种等多层次类别。不同类资源的集成性更多地体现了资源间的复杂关系。集成性也是有序性的一种表现方面。

（2）系统性

系统是指有机组成的整体,这个整体具有不同于其各组成部分的功能和性能,而具有新的功能和性能。信息资源和社会资源都具有系统性,并组成系统而运动。整个自然界也是形成系统而运动变化的。

（3）多态性

资源可以处于相对静止状态,但一般都处于各类变化运动之中。在运动之中资源的状态会改变,研究资源状态的改变和不同状态间的关系是资源变换、资源生态等研究的重点。资源可以处于开发状态和封闭状态,可以处于被发现认识、待开发、正在开发、被应用、被闲置、被变换、被耗尽、再生和聚合等状态。资源在不同状态之间的转换是需要一定条件的。

（4）不确定性

信息资源和很多社会资源具有不确定性。这些不确定性有边界的不确定性、运动趋向的不确定性、评价视角的不确定性、组合关系的不确定性等。

（5）联系性

任何资源几乎都是和其他资源有各种联系的,这种联系往往也是复杂的。资源的复杂性可以通过上述五个方面进行更深入的分析研究。

2.5.5 基础(横断)性

资源涉及人类所有生产和生活的活动,是生产和生活的基础和支撑。我们常常把物质、能量和信息称为三大类基础资源。横断性是指那种涉及所有学科的贯穿性性质,比如数学科学、信息科学就是因为所有学科都必须用到,而被称为横断学科、横断科学。资源实际也是涉及到所有学科,所有的学科和行业都具有资源问题,这是资源的横断性。[2]

2.5.6 相对性

在资源有用性中已经提及资源的有用是具有相对性的。

（1）时间相对性

一种资源需要不需要,需要的程度如何？往往是与时间相对有关的。比如农作物的水资源需求,就有相应时间段,种子下种后的一段时间需要一定墒情才能发芽,在成长旺期和果实成熟期,充足的水分又是必要条件。在心梗、脑梗的抢救中,专门的医疗抢救资源只有在某几分钟的时间内使用才是有效的。象照明等资源是晚上所需求的,而制冷或制热的装备资源是冬季或夏季才需要的。在制造业等生产中，不同的原材料、部件等都是在生产到相应时间段才必须用，过早出现往往增加了存放的耗费。

时间相对性还表现在许多资源是时变的，其有用性是时间的函数。今天有用不一定明天有用。比如食物的新鲜度，信息的不确定内容度，能源的耗散程度等，都随时间而变化。变质的食物不仅没有营养，而且有毒有害。过时的信息不能作为当前的依据，情况可能已经朝着相反方向改变了。

（2）空间相对性

与时间相对性类似，资源的需求和价值是与空间和区域有关的。沙漠等干旱地区对水资源有更基本更强烈的需求。内陆地区的居民对碘盐的需求更多。飞行器必须要有空间，船舶必须要水域资源。在广阔的农村不需要摩天高楼，而人口密集的城市高层建筑有一定优势。在疫情爆发地区抢救资源紧缺，在平常健康地区不需要那么多抢救资源。

也有的资源是空间和区域的函数，比如信息资源与传播资源占据区域（包括网络区域）越大，其有用程度越高。

（3）人群相对性

资源当然也是相对于不同的使用人群的。消费品资源有妇女用品、儿童用品、军队用品、防护用品、民族用品等不同人群的不同需求的区分。还有不同品质等级不同档次的资源，如普通用、高档用、奢侈用等。

（4）主体与客体

一般我们把人自己作为主体，其他资源作为客体。但在实际生产与生活活动中也往往把在活动过程中运动的主要资源流称为主体，把相应的环境和条件资源称为客体。所以同一资源在不同过程中，是可以相对被看做主体或客体的不同的。

2.5.7　动态发展性

资源的多态性只是其存在表现形态的特性。从发展变化看，这些状态总是动态发展、转化演变的，所以同一种资源是具有多个存在状态还是处于变化之中的。资源从客观有用，到客观可用，到实际被用，及被耗尽或再生等，状态是不同的。比如处于潜在待开发状态，正在开发状态，被流动状态，被使用状态，转换状态，耗尽状态，再生状态等。

本章结语

　　资源根据其来源主要有自然资源、信息资源和社会资源三大类。传统资源研究主要在自然资源，随着社会发展信息资源和社会资源越来越被重视，信息资源中的知识资源和社会资源中的人力资源又成为当今创新发展的基本资源。信息资源和社会资源有着和自然资源较多不同的性质。有用性、熵性、复杂性、相对性是所有资源都具有的基本性质，对资源应用的方式和应用中的关系处理起决定性影响。自然资源的熵增性和信息资源、社会资源的熵减性使得人类在资源应用中必然会走向追求两类不同熵性资源的相互补偿，即熵补的趋向。

3

资源的表达与建模

本章主要内容

本章主要通过一些例子介绍资源表达的知识可视化类工具，并分析了资源可视化模型和数学模型的应用。

资源是多类多维多态的事物，其表达方式也要考虑多视角多类型，一般拟采用可视化建模和数学建模的方式进行。ISO 的 TC/184/SC5 - ISO14258[3] 中把模型定义为"用数学、图形、符号或文字表达事物的一种方式"。

3.1　可视化表达类资源

3.1.1　图类资源及其特性

图是人类使用最直接、最广泛、最有效的一类知识工具，具有下列特性。

（1）直接性

人类通过眼睛直接观测可见世界，并通过观测结果经过思维认识世界。所以，人类直接接受到的信息首先是以图的形式表达的。至今为止，人类接受到的大多数信息是以图的形式接受和存储的。

人脑对信息的处理,对接受到的大量图形、图像信息的处理也是直接对图进行处理的,而不是转换成数码、文字等信息进行处理的。所以图不仅有形式的直观性,还有处理的直接性。

(2) 高效性

一个图形和影像可以包含大量信息,这些信息如果用数学公式或文字表达是要花费极大篇幅和存储空间的,而且进行处理也要花费较多时间。而图则一下子把这些信息全部包含表达和进行传输。所以用图进行感测、识别、传输、处理的效率是最高效的。比如,我们常常看到在较远的地方行走的人,就能快速判别出是我认识的某人。这就是因为我们快速接受了图像信息,并直接快速分析处理了其复杂特征的结果。

(3) 集成性

一个图里往往是集成了多类信息,人的知识按模式分类可以分为结构型知识、关系型知识和过程型知识。**图可以表达出知识的结构、关系和过程**,并可以表达出多层次的结构和关系,还可以集成表达知识资源,方便不同专业人员进行沟通。所以,面向对象的思想把现实世界的每类事物都用一个简单的图标在计算机中表达,其后台则隐含有这个对象的属性和运行性。如此,利用图的集成平台极大提高了人类的工作效率。

3.1.2　知识可视化工具资源

由于图类资源的上述特性,人类很早就致力于研究使用图类工具,比如早期的设计图纸、地图、藏宝图等。现代计算机工具的应用使得用图形用户平台的工作成为现实。从微软的窗口图形用户界面到现在所有手机等移动装置的图形界面,无不使用着图形用户类平台工作界面,实现直观高效地操作和工作。在实际生产和公共管理中,应用模拟图监测和控制现场进程也已经相当普遍。

知识可视化工具资源是指专门用于知识表达和处理的图形类可视化操作应用平台工具。这些工具有的是自成独立平台,有的是已经嵌入集成于某类设计或编辑工具平台里;有的是开放型的,有的是有偿收费的;有的主要用于结构型知识表达或过程型知识表达,有的可以表达结构、关系和过程三类知识。

用于结构型知识表达的工具有：IDEF 系列、思维导图（脑图）、功能图、组织图（微软 WORD 中就有）等。用于关系型知识表达的工具有：IDEF 系列、思维导图（脑图）、数据流图、决策树、状态图等。用于过程型知识表达的工具有：工作流图、IDEF3 图、GATT 图、流程图等。

（1）IDEF 系列[4]

IDEF 是 ICAM DEFinition method 的缩写，是美国空军在上世纪 70 年代末 80 年代初，在工程结构化分析和设计方法基础上发展的一整套系统分析和设计方法。经 KBSI 公司收购后将此方法发展成一个系列：其中 IDEF0 用于功能模型，IDEF1X 用于数据模型，IDEF2 用于仿真模型设计，IDEF3 用于过程模型，IDEF4 用于面向对象设计，IDEF5 用于本体论描述，IDEF8 描述人与系统接口设计，IDEF9 用于场景驱动等。在微软公司 OFFICE 的扩充工具VISIO 中，就具有 IDEF0、GATT 等工具的应用。

（2）思维导图（脑图）

人类很早就对自己的思维过程关注，持续地探索想要揭开思维过程之迷。其中一种想法就是能否将思维的过程显现表达出来。进入 21 世纪的前后，这种探索就成为新的综合学科—知识科学的一个研究方向，称为"知识可视化"。在该项研究中应用发展形成的主要工具有思维导图（又称为心智图，脑图）等。思维导图是可以对特定主题建构知识结构的一种视觉化表征，是语义网络的可视化表示方法。人们将某一领域内的知识元素按其内在关联建立起一种可视化语义网络。它以视觉化的形式阐明了在知识领域里学习者是怎样使概念之间产生关联，并揭示了知识结构的细节变化。

表 3-1　部分思维导图工具比较表

软件名称	支持语言	需要支持	可转换	使用方式
freemind	英文	Java		免费
keystone	中文	Java		免费试用
xmind	中文		office	正版
mindmanage	中、英文	Mindjet	office	正版
visualmind	中、英文	Java	office	正版
Inspiration	英文	Java		免费试用
Mindmarst	中、英文	网页版		免费试用

表 3-1 中只是列出一些思维导图类工具,与办公软件一样,正版软件除了可以临时试用外,都是必须购买完整版的。开发这类工具的公司已经越来越多,包括国内公司也在开发。思维导图应用发展最快的是教育和培训领域,从幼儿教育到大学教育,从语言教育到工程教育,教育者都已经引入该工具,并应用得红红火火。

(3)过程流图

过程图本来是可视化描述企业业务活动过程的工具,也可以用于分析表述资源运动的过程。主要有工作流图,GATT 图,IDEF3 过程图等。过程图可以表述动态过程,分析过程特点。其后台可以有相应参数和动态数据联系实际所表示的系统,所以往往还可以进行仿真分析。

这些知识可视化工具的提出和应用是比较早的,但得到广泛的推广应用是近年来随着相应的应用软件工具趋于成熟而引起的。微软办公软件也集成了其扩展的 VISIO 工具,都是可视化图形工具。这些工具一般具有下列特点:

　　* 图元简单直观,一般是简单的几何图形,点和连线。
　　* 各节点和连线表示概念之间关系或过程之间的关系。
　　* 用层级结构的方式表示概念或过程的系统结构。
　　* 许多图可以对其对象进行隐藏,超级链接等操作。
　　* 可以配合文字说明,形成数据字典。
　　* 有相应的计算机工具和网络平台,可以和数据库、数据仓库相连。
　　* 许多工具和 MS-OFFICE 等办公文档可以互相转换,还可以集成管理众多的各类文档。所以,在办公领域也把它们称为新一代的立体型办公软件。

3.1.3　数据可视化

知识可视化和大数据智能应用的发展促进了数据可视化技术资源的发展和应用。数据可视化是将大数据自动形成可视化结果的一项技术。由于人类活动范围海量数据被采集、收集、集成和存储,将这些数据图像化、影像化等实现,为人类用其解决实际问题提供方便。1987 年 2 月,美国国家科学基金会召开了首次有关科学可视化的会议,来自学术界、工业界、政府部门的研究人员正式命名了科学可视化。1990 年，IEEE 举办了首届可视化会议。随着数字化的非几何抽象数据的不断增加，对于多维、时变、非结构化信息进行可视化成为非常重要的问题。高维动态数据的可视化映射应用在医学、气象、交通、环境、市场、网络演化等分析上，研究发展很快。相应的应用工具和平台也正在快速发展。

3.2 资源可视化建模

根据资源的性质和分类，对资源的采用可视化表达建模是必要的，合适的。其建模一般需要从资源的性质、状态、能力三个维度进行表达。

资源的性质维描述决定了资源具体可以派什么用途。资源的状态维则描述了资源动态运动所处的具体状况，资源是处于潜在状态，还是使用状态，是闲置状态还是已经耗尽状态。资源的能力维一般可以在定量分析中用来分析量化结果。能力维量化分析，常常会用到资源的流通量、转换率，装备资源的负载率，信息资源的结合率、信息量等。

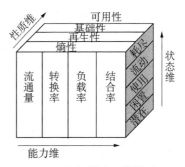

图 3-1 资源描述三维模型

3.2.1 资源分类图

对资源分类的可视化描述可以很直观地表达出资源的各类别，方便选用比较。是非常流行常用的资源知识和资源分析类工具。图 3-2 是资源总体分类表示图，展示了不同分类方式下资源分类的情况。

图 3-2 是应用 Mindmarst 网页版工具将资源分类的总体情况用图演示出来，形象而直观。极易用于讨论分析和对相应系统进行说明。另外有一些资源分类图常用来表达某类资源的详细分类的情况。比如信息资源的详细分类，能源资源的详细分类，水资源的详细分类，海洋资源的详细分类等。

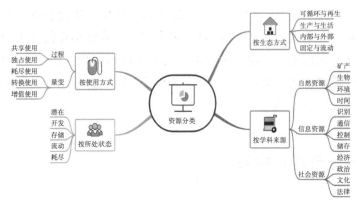

图 3‐2　资源分类图

3.2.2　领域资源图

　　领域资源图是指对一个领域，或一类企业、一类项目的资源所建分析表达图。比如对学习领域，有学习资源图。对大学高等教育，有高等教育资源图。企业资源研究是企业生存发展研究的重点，现代企业无不把资源研究放在重要位置。中大型企业所应用的全面集成运行平台也称为"企业资源计划"系统平台。应用思维导图来表达领域资源图，可以较方便地表达资源集成关系和资源类别间的关系。并可以全面快捷地表达清楚各资源在系统中的地位作用。

　　图 3‐3 表示了高等学校的资源状况。

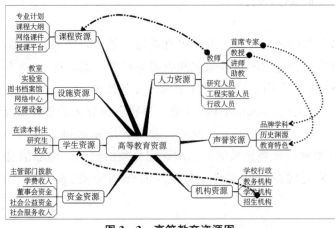

图 3‐3　高等教育资源图

高等教育资源图表达了高等教育运行发展的相关资源。从人力、资金、设施、机构资源,到课程、声誉、学生资源。每项资源都是可以继续细化分解的,根据需要可以进行分解的层次设定。在思维导图中对各层次的分解可以隐藏显示和伸展显示。思维导图还可以表达各子项目之间的关系。比如图中教师对课程资源的决定关系,首席专家和教授对品牌学科和教育特色的关系等。

各种不同领域也都可以建立相应的领域资源图。象学习领域、科研领域、艺术领域、国防领域、外交领域、安全领域等。都有自己的资源特点,可以建立资源图来分析资源规划应用的情况。

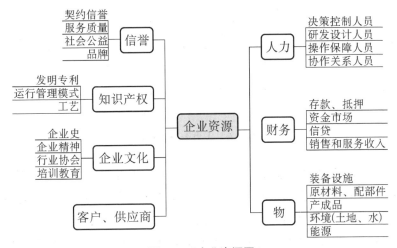

图 3-4   企业资源图

图 3-4 所示企业资源的思维导图,是对一般性企业资源的描述,具体某行业某企业可以根据情况建立自己的企业资源图。传统企业资源只考虑了人、财、物资源,现代企业越来越多地依赖其知识产权、文化精神、社会信誉等资源。虽然许多企业的软资源尚不可财务核算化,但这些资源往往决定了现代企业的竞争力和关键走向,不可忽略。

由上可见,思维导图对领域和企业建模有着方便快捷、直观、易改易转换的优点,值得广为推广应用。

3.2.3 动态资源图

动态资源图可以表达某一种资源状态的变换过程,或表达多种资源在生产等活动中变换转换关系。所以,动态资源图被用在设计过程、开发过程和工艺流程的分析中,也常被用来分析资源的生态过程。

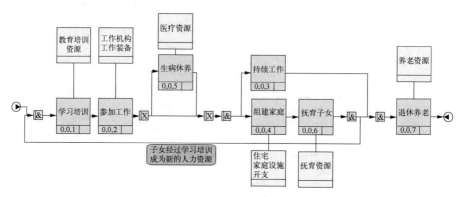

图 3-5 人力资源生态图

人是经济活动的主体,是生产活动的参与者,是生产力的核心。但人又是生产成果的消费者,人享受消费,不仅是为了人本身劳动力的恢复和提高生产能力,还是为了人本身的再生产,生产出后续后代的人力资源劳动力来。

图 3-5 采用清华大学开发的通用企业建模工具 GEM 的 IDEF3 图描述人力资源的生态过程。在这种过程图中,沿箭头线方向的各个活动框表示了人力资源变化经过的各阶段的活动过程,没有设标号的参考框用来说明各项活动过程所需的资源支撑。图中活动方向线经过的 &、X、O 等符号表示过程间存在的与、异或、和或的关系。[4]

图 3-5 中首先表示人力资源必须是经过学习和培训过程,才能进入工作过程。参加工作后的人力可能是会由于生病和处理个人事务,引起一个停止工作的阶段过程,为了要维持继续工作的能力,对生病的人力的医护治疗也是维持人力资源的工作能力所必须的资源提供。人力在持续工作中间同时还要有组建家庭,生儿育女,培育后代等过程,所以必须有住宅、家庭设施、培育子女等条件的资源。在人力完成工作年龄周期进入退休后,还必须有相应的养

老资源的支持,不能把退休失去劳力的人员丢弃造成社会问题。所以工作家庭最后的输出有退休老人和子女,其中子女将再次经过学习培训过程而成为成熟的人力进入工作周期。在整个这个生态中,人力的被养育、教育培训周期和退休养老周期都是资源消费者,不能提供劳力资源;只有在工作周期内可以提供劳力,创造价值。所以,社会要使得整个人力资源数量增加和质量的提升,必须有其工作前周期的学习培训资源的充裕和养老周期的平等养老资源,以及社会医疗资源。这些资源的保障是宏观经济的基础目标,是社会公益性保障的主要目标。根据自然环境条件和社会资源条件的不同,人力资源的工作周期也会有差异,比如我国一般是 25 岁～65 岁。这样,确定合适的退休年龄对社会经济和人民生活的发展影响极大。

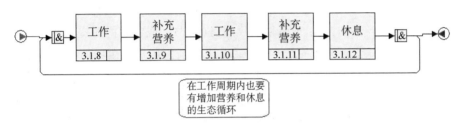

图 3-6 工作周期生态图

在人力的工作周期内,日复一日,年复一年,也存在着周期性的生态循环。图 3-6 中表达了工作周期内的人力需要工作和休息交替进行的规律。工作时段需要人力的一定脑力和体力的付出,形成消耗。而工作间隙就需要补充食物等营养,形成正常的新陈代谢。人也需要充足的睡眠和休息,以利恢复脑力和体力。这时食物资源、休息资源等也是必须的人力资源的支撑资源。这种支撑是微观经济的企业也必须考虑和提供支撑的。

用图类工具建模的思想已经逐渐普及,各行业、各领域的使用也越来越普遍,在对资源的描述方面,应该更全面注意推广使用各类表达资源,特别是推行可视化知识工具的应用,全面提高资源表达效率和资源分析的可视化程度。

3.3 资源的数学建模

数量关系分析是学科发展成熟的重要标志。数学建模是涉及到量值变换关系的规律性描述,在建模中必然要进行一些约定和简化的表述。本书仅就企业资源建模为例,说明资源数学建模应该考虑的主要关系与条件,其他方面的资源分析的数学建模应该具有类似性。

3.3.1 企业观与企业目标

人们对企业的认识—企业观是随着企业本身的演变而不断发展变化的。早期人们认为企业是一种获取利润的组织体,其获取利润的过程主要是通过提供产品实现的。第二次世界大战后,人们开始认识到各类服务(包括围绕产品进行的服务和独立的服务体系)都是企业获利的重要方面,甚至是更基本的方面。所以,认识到**企业是为了满足用户的需求而提供服务的,这种服务的形式可以是提供产品的方式,或者以提供服务的方式,或者以同时提供两者的方式。**在对企业认识更深入发展后,进一步认识到为用户提供及时全面的解决方案才是更好的服务形式。所以,针对企业运作的性能指标也从仅针对产品生产的 T(时间)Q(质量)C(成本),进而增加了 S(服务)F(柔性)E(环境)K(知识)等。[5]随着性能指标体系的变化,企业研究更趋于复杂化。当代许多研究都认为企业就是一类生命体。南开大学李维安教授团队提出企业这种"复杂的社会经济生命系统",不仅是不断增长其资源,而且本质是其有效运用发展企业资源的企业活力。其活力的主要性状是它的生存性、成长性和再生性,所以企业的目标就是要增强企业的活力指标,活力指标是企业的总目标! 活力的"活"是指企业所处状态,活力的"力"就是企业的总能力,也就是企业处理治理企业资源的总能力。[6]

约定1:企业资源能力目标为

$$\Delta H = \Delta h_S(R_S) + \Delta h_C(R_C) + \Delta h_Z(R_Z) \qquad (3-1)$$

其中 $\Delta h_S(R_S)$、$\Delta h_C(R_C)$、$\Delta h_Z(R_Z)$ 分别是企业生存、成长、再生期的资源能力增量。R_S、R_C、R_Z 分别是企业生存、成长、再生期的资源。h_s、h_c、h_z 分别是企业生存、成长、再生期资源的增长关系。

实际每个企业,特别是大型集团型企业,在其成长期中也有某些部分的生存问题和再生问题,在再生期也必须考虑生存和成长问题。所以在实际的三个时期中是有重叠交叉的。

企业活力就变成追求企业资源能力目标的最大化,获得 $\max \Delta H$。 这是企业的长期可持续发展的目标。而每个时期的能力增长也是决定于多种资源所结合的程度和复杂关系的。

企业的活力既然是处理治理企业资源的能力,那么这种活力的具体分解也是围绕着资源进行的。现代企业也越来越认识到,**企业能力主要是学习能力、规划决策能力和系统集成能力三方面。而学习能力则是其中最为核心的能力。所以现代企业强调建设成学习型企业。**

3.3.2　企业资源

约定 2:一切财富来源于资源。财富增加是资源增值的结果。企业是资源增值的主要机构,企业资源的增值主要是通过提供产品来实现的。

约定 3:企业产品的增值主要是通过提高其产品的集成度(J)来实现的。而集成度(J)的提高主要通过设计人员和生产人员的劳动来实现的。

考察典型的生产型企业的资源。

约定 4:设 $R = \{\vec{R_1}, \vec{R_2}, \cdots, \vec{R_N}\}$ 为企业资源集,设其中最后一项,第 N 项资源为产品资源 $\vec{R_N} = \vec{R_p} = \{R_{p1}, R_{p2}, \cdots, R_{pM}\}$ 为企业各类产品(含服务)的资源集,这些资源都是有界的。这里是从广义上看,把提供的服务也看作是一类产品。这样用 $J(R_{pi})$ 表示某项产品资源的集成度。

3.3.3　企业资源模型

企业资源模型主要考虑企业总资源能力模型,特别是其中的企业产品资源增值能力模型。

企业产品资源是一种输出资源,是企业的资金、设备、原材料、部件、能源等输入型物质资源和知识、人力等资源变换而形成的。所以产品生产本质是一种资源变换过程。在整个变换过程中,要尽力提高变换的出率,即提高变换出来产品的价值,这主要是通过提高产品资源的数量指标和品质指标实现的。而品质指标主要通过提高该产品的集成度属性来实现。

企业产品的总价值 V_{R_p} 是相应各项企业资源变换转入的,设变换转入的资源为:

$$\overrightarrow{R_{pI}} = \{R_{pI1}, R_{pI2}, \cdots, R_{pIL}\}$$

则企业产品资源总价值为：$V_{Rp} = \sum\limits_{Rpi \ni RP} V_{Rpi}\{N_{Rpi}, J_{Rpi}\}$，其中 N_{Rpi}，J_{Rpi} 分别是某类产品资源的数量和品质（集成度）。这样产品能力指标为：

$$\max V_{Rp} = \max \sum_{Rpi \ni RP} V_{Rpi}\{N_{Rpi}, J_{Rpi}\} \qquad (3-2)$$

产品集成度一般包括结构集成度、功能集成度、信息集成度、性能集成度和服务集成度五项。它们都取决于知识资源、人力资源和生产装备资源等能力。如果都用相对百分比表示，即可以用加权和表示某产品总的集成度 J_{Rpi}，产品集成度中还包括了所谓的产品柔性，一般指产品的可用性、可维护更新性、可配套性和安全性等。这些品质都要由知识资源和人力资源来实现。品质指标也可以用相对等级性指标定量表示。

企业生产同时还要尽可能合理运用资源，减少输入资源的耗费，即节省成本资源，这主要是通过资源替换完成的。

产品资源的数量取决于企业可变换资源的变换能力。被变换掉的资源价值称为成本，所以，产品资源获得的资源增值应该扣除被转换掉的资源成本。在企业产品资源价值能力优化中，不仅要尽可能增加输出产品的总价值，还要尽可能降低成本。降低成本的决策基本是通过"资源替换"来实现。

约定 5：资源替换是指在产品的形成过程中，将某种（或几种）资源的提供由另一种（或几种）资源来替换。使得替换后的资源耗费价值低于替换前的资源耗费价值。

设转入产品的资源 $\overrightarrow{R_{PI}}$ 用 $\overset{\wedge}{\overrightarrow{R_{PI}}}$ 替代，使得资源成本耗费 $V\left(\overrightarrow{R_{PI}}\right) > V\left(\overset{\wedge}{\overrightarrow{R_{PI}}}\right)$。

设
$$V\left(\overrightarrow{R_{pI}}\right) = \sum_{i=1}^{L} \alpha_i R_{pi} * c_{pi} \qquad (3-3)$$

$$V\left(\overset{\wedge}{\overrightarrow{R_{PI}}}\right) = \sum_{i=1}^{L'} \beta_i R_{pi} * c_{pi} \qquad (3-4)$$

式中 α_i 与 β_i 表示第 i 种资源的量，c_i 表示该项资源的单位价值。这样资源替换问题成为选择一组 β_i 来替换 α_i 的问题。所选择的一组 β_i 的资源品种

与数量 L' 与原来一组 α_i 的品种与数量 L 是不同的,但这些资源都在企业资源集中。**最后产品资源价值优化问题就成为一类最大最小的决策问题。**

$$\max_{N,J} \min_{\alpha,\beta} \sum_{RPi \ni RP} V_{Rpi}\{N_{Rpi}, J_{Rpi}\} \qquad (3-5)$$

这样一个决策问题的解决,是没有最优解,只能有满意解。其解主要还是依赖企业能力,依赖知识资源和人力资源来决定出集成度指标集和资源替换集。而人力资源的劳动付出是充分而必要的条件。从产品生产的过程阶段来说,集成度的实现都集中在开发设计阶段决定,在制造过程中最后完成。

由于企业资源中存在熵增和熵减两类资源,所以在产品资源的替换中,采用熵减资源来替换熵增资源就成为主要的决策方案!本书将在后面进一步讨论这种替换及其形成的熵补性原则。

由于转入产品的资源中包含绝对稀缺资源,该类资源的节约问题越来越成为企业资源必须考虑的问题,随之就有了单位产品价值资源的稀缺资源消耗率的性能指标。其是所消耗的稀缺企业资源与总产品资源价值的比值。

$$单位资源耗率 = \frac{\sum\limits_{RIj \ni RI} V(R_{Ij})}{\sum\limits_{RPi \ni RP} VR_{Pi}} \qquad (3-6)$$

式(3-6)中 R_{Ij} 是消耗的稀缺资源。

本章结语

资源需要有合适的表述才能被有效地应用。对类别众多,性质复杂的泛资源进行表达,需要合适的表达资源。知识可视化工具和数学分析工具是两类最重要的资源表达和建模工具,这些工具本身也是资源,本书把其看成是表达资源和建模资源。由于知识可以分为结构型、关系型和过程型三类知识,相应的知识可视化工具也已经发展出较完善的平台工具,本书对相关工具的特点和使用进行分析,并举例应用。推广应用这些表达资源将极大提高资源表达的效率。对于复杂的资源数学建模,进行了企业资源动态数学建模的一个初步分析。

4

资源的评价

本章主要内容

　　本章分析了评价领域的问题。分别分析了硬资源和信息资源的定性评价和量化评价,定性评价确定评价的主要性状,量化评价中介绍了已经普遍使用的量化指标。在社会资源评价中,从资源代理分析到经济的评价,从权力分析到政治类资源的评价,从契约分析到法律资源的评价进行初步演绎分析。在资源伦理中就资源公平、资源安全和种源保护进行初步分析。

　　评价是人类的一类重要活动。评价也是指引和确定人与人类发展方向的根本动因。为了确定人类实际生产、生活活动的取向,人们随时都在进行着分散的自在的评价,控制确定其有目的有方向的行动。从广义而言,人类的意识就是对客观事物的一种评价。而我们要讨论分析的评价是人类反映出来的显式的评价,并且是人类群体的自觉性的评价。这类评价需要确定事物对其性状吻合的程度,或者某类系统达到其目标集的程度。评价的主体是人,被评价的是客观事物包括人本身。所以,评价必须有客观性,但也带有主观性,是主观世界反映客观世界的过程。

　　资源最本质的属性是有用性,但具体某资源有用的条件和有用的程度如何必须依靠评价确定。资源评价是资源分析的重要内容。资源评价根据资源的不同性质和类型进行。资源评价一般分成定性和定量的分析评价。定性评价是定量评价的基础。由于资源评价的重要性,实际衍生出了一系列的评价资源。

4.1 硬资源的评价

硬资源是指所有物质型存在的资源,主要是自然资源和物质产品资源。

4.1.1 硬资源定性评价

硬资源定性评价主要对其应用性质和生态关系进行评价。评价主要分析其可测性、可控性、可循环性、利用价值等。

下面对几个层次的硬资源分别进行评价分析。

(1)自然环境资源

自然环境主要包括地理位置、气候、空气、水、场、日照等。人类对自然环境至今主要还是适应、顺应和维护的问题。目前人类对环境的可测方式很多,测量准确度大有提高。对于环境主要应该加强对环境的监测和检测。至于控制方面,最多还只是在小范围的、局部的有限规模的控制,比如人工降雨,人造照明等。对整体环境资源人类只有保护的职责,不可以破坏性的开发利用。

环境资源基本都涉及到生命的基本生存条件,所以其价值应该是无限的,是不能由私人控制与炒作的。但现代盲目的工业化发展已经导致空气、水质、植被气候等环境持续恶化。

人类对环境保护的共识尚未形成,全球性的全面保护协定的签订尚任重道远。

(2)自然稀缺物产资源

稀缺物产资源有能源资源、矿产资源、森林资源、海洋资源等。这些资源都具有不可再生的性质,随着开发利用的加剧,日趋绝对稀缺化。人类对这些资源的检测开发和控制能力正越来越强。但对其节约使用、有计划使用、有限度使用的协定的签订也是难以实现。依仗权势的控制和争夺愈演愈烈。特别是能源的绝对稀缺性正越来越严重影响到人类的生存和发展。

（3）农业资源

农、林、牧、副、渔等种植业和养殖业是可再生循环资源的提供者，是人类历史久远的自然经济的主要安全型产品资源的提供者，是人力资源生长发展的基本保证，又是工业原料资源的主要供应源。

农业资源是基本可测可控的资源，但受重大环境气候变化影响大，在发生重大自然灾害时，其损失依然巨大。

除了劳动力以外，**农业资源的支撑性资源有土壤、种源、农机、供水、植保、肥料等资源。这些支撑资源每项都是必要条件，对农业资源的评价实际会落实到这些支撑资源之上。**由于世界各地条件差异很大，所以世界各地的农业资源的丰富程度也差别甚大。

（4）装备型资源

装备资源有公共设施装备（公共交通设施、公共教育和文体设施等）、军事和空间探测装备、企业工作装备等。装备型资源消耗大量基础材料和能源资源，也需要大量劳动力资源支撑。装备资源都是靠生产建设实现的。装备资源的生产建设都是有规划和计划性进行的。**人类最先进的技术资源都被首先用于装备资源生产之中。装备资源的生产和使用过程都是严格可测可控的。**

装备资源对环境资源影响是很大的，消耗油气资源排放对大气质量造成破坏越来越严重；大量消耗的稀缺矿产影响地表和空气环境；大规模的建设用地减少了绿地面积。公共装备设施实际也是可以改善和优化环境及生态的，如水资源净化工程、绿化和卫生工程装备等。但在只考虑资本效益的社会，最终难以投入大量改善环境的装备资源。

（5）消费品类硬资源

消费品硬资源满足人们的日常生活需求，主要是农业产品加工的吃穿类资源，家庭生活用品、通信用品、文化用品、健康用品等。这类资源是周期性的消耗品和部分耐用产品。其需求量大，影响人们生活质量，安全性要求比较高，普遍具有行业标准。其生产与使用都是在较严格的可测可控下进行的。

4.1.2 硬资源定量评价

硬资源几乎都具有可计量性,具有许多物理、化学量的计量测定。但对其价值评价并不统一,更值得分析研究。

对硬资源价值评价同样可以分成几个层次进行。

(1)自然环境资源

自然环境的地理位置、日照等量化评价是根据传统的经纬度、海拔高度、绿地覆盖度等评价。对空气和水的质量评价有相应等级评价标准。对场的评价主要是磁场强度有一定安全评价标准,其他的还很少。

在气候评价上,气象学科有许多量化标准,但气候与大气质量有着最为密切的关系,气候在很大程度决定于大气的运动。现在虽然有气压指标测定,有大气成分测定,有大气物理微粒测定,但对大气物理质量的测定评价较少。气候异常的根本性因素是大气质量变化。如底层大气每立方的质量如何?与百年前增加了多少?因为大气总体质量的增加必然导致大气热容量和动能的增加,在气候中反应出来,会风力增加,飓风增多,同样温度下热量传递加大,即高温更易感觉热,低温更易感觉冷,空气调节需要更大的能力和能量增加才能使用,大气各层的质量评价应该是基础性评价,给予标准测定。而大气中细微粒的浓度测定已经成为大气重要质量指标,如 PM2.5,因为其对呼吸道的影响很大而普遍作为指标测度,大气异常也已经影响到人的免疫能力。

由于环境资源基本都涉及到生命的基本生存条件,其使用价值相对应该是无限的,应该全人类形成保护性使用和保护协议标准,而不是放松管控、各自自定规范,也不能依靠补偿性价值付出来放开破坏性的使用环境。

对一定时间和一定空间内的自然资源,在合理定价的基础上,从实物、价值量和质量等方面统计、核实和测量其自然资源总量和结构变化,反映其平衡状况的工作。实物核算主要是对自然资源的流量、存量及其变化情况进行统计;价值核算以实物核算为基础,将自然资源的实物量直接按照市场价格转化为价值量,对其价值量以货币化的形式进行统计,其价格往往是采用如影子价格法、收益还原法、净价法和边际社会成本法等方法确定的。但是,由于自然资源不同于一般商品,传统的自然资源核算存在明显的缺陷,价格不能反映自然资源的存量情况以及再生恢复情况；其核算服务于国民经济核算体系，忽略了自然资源的生态价值及其使用对生态环境的影响。而从生态的角度出发，充分考虑人类社会与生物圈之间的相互作用关系，将土地作为自然资源的母体，突出土地的生态底色，比如提出生态足迹概念等，对人类自然资源消费活动以生态生产性土地面积的形式进行核算，将可以构建了自然资源核算的生物物理工具。[24]

（2）自然稀缺物产资源

稀缺物产资源的量化评价有稀缺度、储量、产量等。对能源资源有热量转化率、开发成本等效益评价标准。稀有贵金属资源黄金，被作为所有资源和财富的价值标杆，并曾经成为唯一标杆沿用很多年。

由于绝对的稀缺性和开采的低成本性，这类自然稀缺性资源的使用代价被大大低评，这就形成对这些资源权的恶性争夺的持续化。控制这些资源的开发规章虽然有，但很少，很难执行。象对煤炭的开采控制，对稀土的开采控制，都还没有提高到对其量化上的评价的高度，才至于规定被破坏。**大幅提高绝对稀缺资源的价格，可以增进资源替换，保护稀缺资源。宏观确定统一的限制甚至禁止性规则，是从根本上保护稀缺资源的长远措施。**

（3）农业资源

农业资源有产量、产值、品质等级等量化评价。农业资源的量化评价又是与农业支撑资源土壤、种源、农机、供水、植保、肥料等有关的。除了部分渔业是对江河湖海水域的捕捞业外，其余种植、养殖业都是靠劳动力资源和相应支撑资源的转入。

这里相关的土壤资源和供水资源实际也是稀缺自然资源。比如黑土层是重要的自然资源，虽然通过有机培养化种植可以逐步培育增加土壤的黑土成分，但这些年来承包式农业经营根本只求在承包期内多从土壤要效益，而不重视土壤的保护和性能改善。象北大荒原来深厚的黑土层，由于现在基本不进行休种、轮种和绿肥，就是利用黑土肥效，基本不用化肥，把黑土资源耗掉很多，有关方面也缺少关注其黑土层厚度的量化评价。

对于全球人口数量讲，食品资源往往是许多地方相对稀缺的资源。农产品资源价值由于劳动力投入的差异很大，规模性经营与个体和分散经营的产品难以相互竞争,形成区域性稀缺和整体性价格的矛盾突出。另外,食品安全的定量评价缺少共识,缺少标准,使得农产品安全难以保证。

(4) 装备型资源

公共设施装备资源是社会进行的运行配置资源,其许多定量指标是与社会群体的规模和建设能力相匹配的。社会的运输能力、道路能力、文体活动能力、教育能力、医疗卫生能力、救灾能力、治安能力和军事国防能力方面指标的设施资源量值评价成为主要量化评价标准。由于公共设施资源需要大量资金、劳力、材料的投入,其核算价值量值巨大,质量的量化指标被重视,资源设计使用寿命一般较长。

对企业所用装备资源的评价,根据行业类别都有许多统一完备的标准和规范,其价值评价则以投入成本价值为主。

(5) 消费品类资源

大多数的企业产品是消费品。前面建模分析企业时已经说明这些产品的使用价值的提高主要决定于其集成度的增加,而这种集成度增加主要是人们劳动的投入。所以从资源价值转换的角度出发,产品的价值和使用价值提高的决定因素也是统一的,都是人的劳动。

4.2 信息资源评价

信息是一类广义的概念范畴。包含了人们对消息、讯息、数据、知识等一系列可记录和传播形式的事物的称呼。信息概念的完整定义是事物运动的状态和方式的记录。[7]信息促进了人类主体对所有资源的认识和运用,这种运用本身使资源向着集成化、泛化、系统化不断发展。

4.2.1 信息资源定性评价

信息概念有层次的区分,有对事物反映视角的区分,有所处状态的区分,有价值含量的区分。与硬资源不同,信息资源的定性评价是从上述四类区分来评价的。

（1）信息资源概念层次的确定评价

语法、语义及语用是信息三个层次上的区分。语法信息指信息客观存在的本质性内容，就像自然科学的客观存在性一样，任何事物的存在和发展变化产生的同时就产生了信息。[7]这类信息资源是影响长远的，包括天体起源存在和生命前、生命后时期的所有信息。具有存在性、绝对性和普遍性。这类信息甚至可以称为"物质型信息"。

语义信息是人类所感知认识的事物存在和运动的内容，是人类对事物的描述记录。语义信息具有相对性，随着不同感知和思维视角，不同阶段的认识深度和认识偏向是有差别的，所得到的不同语义信息资源的有用性是不同的。所以也可以称为"意识型信息"。

语用信息是突出信息资源应用本性，在一定应用目的下对信息资源的考察评价。当然，语用信息必然集成了对应的语法和语义信息，是物质和意识的统一。所以，也可以称为"统一型信息"。三类层次信息全体称为"全信息"。[7]

语用信息考虑条件多，包括信息资源的应用目的、约束条件、可能结果、控制方案等特殊问题。语义信息则忽略一些条件，关心信息所反映实际事物的真实含义。语法信息只关心表述本身的规范。

三类信息客观都是有用的，都具有资源特征，都是信息资源。

（2）信息资源状态的确定评价

确定信息资源的状态对信息资源评价也是必须的。信息资源所处状态有：感测识别状态、分析处理状态、存储状态、传输状态、控制应用状态等。对人类技术而言，针对信息资源所处不同的状态阶段的应用，就有了相应的技术领域，这就是感测技术、智能技术、存储技术、通信技术和控制技术等。[7]

人类主要的活动是认识世界的活动和作出一定改变世界的活动。而认识世界的入口是感测这个世界，包括外部世界和人类社会。感测的目的是获取信息资源，感测的方式途径往往是拟人性的或者说是拟生命体性的。因为人有感官，人类最早最直接的感测获取信息就是靠感官直接获取。由于人的感官感测能力有限，所以人类很早就向往着能延伸自己的感测能力，实现千里眼、顺风耳等。包括遥感遥测等现代技术的发展使得人类逐步实现了感测能力的发展。其中有些感测能力是模仿了动物等其他生命的感测能力发展起来的,比如仿蝙蝠发出的超声波发展的超声波探测技术、仿响尾蛇的红外感测发展的红外技术等。

感测到的信息是还要进行处理的,在感测与处理中间,有一种认识认为感测接受的东西并不是都有用的,所以不能称为信息,因为信息是一种资源,必须具有有用性,而感测的数据内容有的有用,有的是没有用的、冗余的、甚至错误的、有害的。这样就把**感测到的内容称为数据,数据经过分析处理,提取出其中有用部分称为信息,大量的信息经过挖掘开采处理,提取更高级形态的具有规律性的信息称为知识**。图 4-1 表示了从数据到信息和知识的过程。

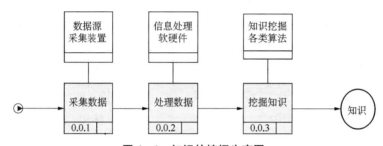

图 4-1 知识的挖掘生产图

有用的信息资源除了在人脑中存在外,更多地被储存在相应的媒介上。被存储的信息有符号、文字、图形、音像等形式和它们的编码形式。可以存储的介质有纸张、胶片、磁材料、光盘、电子装置(闪存、硅芯片数字存储)、生物等。各类不同存储介质的特点和性能有所不同。

1) 从存储容量、存储密度、保存时间、成本代价等来看,光盘存储占有绝对优势。

2) 从存取时间来看,电子装置、磁存储占有优势。

3) 从方便耐用、低成本、耐传播和原始性强看,纸张介质仍有价值。

各种存储方式将在较长时期内并存,互为补充。这是信息存储技术的一个发展趋势。根据不同的信息存储技术人们又发明创造了造纸术、印刷术、摄影、摄像技术、录音、录像技术以及磁盘、磁带、光盘、U 盘等制造技术。

被存储的信息是分安全等级的,根据其被使用涉及资源安全影响的范围,被分成完全开放型和授权开放型,**授权开放使用的信息有一定密级的管理制度。**

信息除了存储状态,还大量处于传输状态,相应的是通信技术。根据通信的质量与效率要求,通信技术研究了无线、有线传输方式和传输介质光纤、电讯线缆等,研究了编码和转换技术及网络技术。通信技术发展已经形成许多量化指标。

信息资源的应用状态是较为泛化的状态,仅从技术角度看涉及的是智能技术、控制技术。这些技术通过系统集成把信息资源嵌入进各类实际生产生活过程和产品系统内。

(3)知识资源类别分析

知识资源是信息资源的高级形态。知识资源是人类对世界本质性、整体性、完全性的认识。这种认识**可以分为结构型知识、关系型知识和过程型知识。**对知识资源进行类别确定评价,对知识的生产和应用是十分重要的。结构型、关系型和过程型知识与信息的语法、语义和语用并不是对应关系。

结构型知识注重反映实际世界事物的结构。许多事物的结构是直观的,可以通过直接观测得到的,但真正从宏观或微观,从整体全面认识事物的结构是需要探索、研究、论证的。比如生命体基因的结构、物质微观基本粒子的结构、宏观天体的结构、政权体系结构的研究等。结构型知识具有客观实在性,相对稳定性,是人类认识世界和应用知识的基础。

关系型知识注重反映事物之间的关系和联系。事物之间的关系可以是一对一、一对多、多对一、多对多的,可以是单向的或双向的、多向的。人类对事物的简单关系归纳为次序关系、主从关系、因果关系、对立排斥关系、协同关系等。关系之间的关系成为复杂关系,复杂关系可以通过"逻辑"来表达,形式逻辑、数理逻辑、辩证逻辑以及现代泛逻辑等。一些经典逻辑可以直接用"与""或""非""异或"等符号表达清楚,而许多现代逻辑必须用复杂数学算式或计算机程序表达。事物的结构关系基本通过结构型知识表达,所以不把它包含到关系型知识中。

过程型知识是揭示事物状态变化过程的知识,是研究世界演变和事物发展运动的知识。过程型知识是在集成了结构型知识和关系型知识的基础上,进一步认识事物运动发展规律的重要知识。过程型知识的发现需要更多更深入的生产实践和科学研究工作。过程型知识对人类生存发展的价值更大,代价更高。

也有学者把知识分为陈述型、过程型和控制型三类知识。是从知识应用的层次上进行描述分类的。陈述型知识主要完成对知识的描述表达，过程型知识是用于动态过程的规律，而控制型知识是人类对世界事物智慧的决策与控制。[15]

4.2.2 信息资源定量评价

信息资源的量化评价指标甚多，针对性很强。

（1）信息量指标

信息的量的指标来自通信领域的信息论。它表达了信息中不确定性的减少。信息论创始人香农（C. E. Shannon），1938 年首次使用比特（bit）的概念：$1(bit)=\log_2 2$。它相当于对二个可能的结果所作的一次选择的量。一般情况下，信息的量就可以用概率来表达。把信息描述为信息熵，是借用原来自然科学热力学中的概念。认为自然世界的物质能量总是从高势走向低势，从有序走向无序，成耗散状态。而信息的特征刚好相反，总是从无序走向有序，从不确定走向确定。熵增是不确定性的增加，熵减是确定性的增加。有了信息量的概念，不仅可以计算通信系统的传输效率，还可以统计计算信息处理中各类方法技术的效率问题。

一本 50 万字的中文书平均有多少信息量。我们知道，常用的汉字（一级二级国标）大约有 8 000 字。假如每个字的出现等概率，那么大约需要 13 比特（即 13 位一进制数）表示一个汉字。但汉字的使用频率不是均等的。实际上，前 10％的汉字占到常用文本内容的 95％以上。因此，即使不考虑上下文的相关性，而只考虑每个汉字出现的独立概率，那么，每个汉字的信息熵大约也只有 8～9 比特。如果再考虑上下文的相关性，每个汉字的信息熵就只有 5 比特左右。所以，一本 50 万字的中文书，信息量大约只是 250 万比特。

在应用计算机类工具过程中需要通过键盘编码输入中文汉字。现在多数手持装置在数字小键盘上输入汉字是用国外的 T9 专利系统，该系统把西文 26 个字母作为拼音字母键盘，或在小键盘将其按序发布于 1 至 0 等 10 个键上，根据汉字拼音按键输入若干次后可以检得一个汉字，其选一次按键就减少了拼音中韵母和声母的可选性，这样输入一个汉字最多要按 6 次键，还要在同音字中翻页选择。我们研究的一个"数字键小键盘汉字音码"输入法,把拼音字母根据数字键的数字发音的信息重新布局,也就是充分利用了 1 到 0 的 10 个数字发音的条件,这样的条件概率大于原来的概率,使得输入码的平均码长缩短为 4。在懂读音的人的使用下,其输入效率远高于 T9 系统。对广泛使用的信息系统,信息利用效率的一点提高,其效益都是很高的增加。

(2) 存储容量指标

由于目前信息资源存储基本用二进制数字码进行,所以使用最多的存储量化单位是位(bit)、字节 B(Byte)8 位组成一个字节、字(Word),两个字节称为一个字。汉字的存储单位都是一个字。存储量通常都是很大的数量,所以常用 KB、MB、GB、TB 甚至更大的单位。1 KB=1 024 B,常称为千字节。MB、GB、TB 之间分别是 1 024 的倍率,称为兆字节、吉字节、太字节。

对印刷品类信息资源存储量常常以所藏的书本量为指标。如几万册书卷。

(3) 传输速率指标

信息传输速率是用每秒多少位二进制码为单位,称为波特率,记为 bps。比如网络传输速度 100 M,即 100 MB/s。

(4) 运算速度指标

机器对信息的处理速度经常用运算速度评价。常用的是机器核心部件的每秒运算次数。比如神威太湖之光(运算速度:12.5 亿亿次/秒)。

(5) 知识与信息的价值评价

知识与信息的价值评价仍然是个没有完善解决的课题。"知识就是力量",知识信息资源的重要价值是毋庸置疑的。但长久以来,知识和信息曾经是不核算计入商品价值的,也不能入股的。现在的信息和知识都已经被计入商品价值,并且可以以产权形式入股计算。[19]

信息类产品的一种价值评价是根据其中包含的知识型劳动量来计算的,比如计算机软件的价值根据分析员和程序员的多少劳动时间核算,记为多少个"人月"的开发时间。这种评价重视的是信息和知识产品主要是人的智力劳动转化出来的成果。是投入成本价值的计算。

信息资源使用价值的评价较复杂。**信息类产品的使用价值的增值也是其资源的集成度的增加决定的**,所以其市场价会与其集成度相关。而上面所说的智力劳动的投入就主要成为对成本价核算的考虑。

知识产权是一类权力资源,是对人类原创性知识和文化产品授权的规范。但其价值评价至今还是存在很大困难的。原因在于知识和文化产品价值的实现是依赖资源本身的传播应用,即需要开放性和共享性才能应用,才能实现价值最大化;由于知识和文化生产的基础知识资源或文化资源的开放性,所以成本极低,主要成本就是生产者的高智力劳动。所以,这里生产的增值量极大,而极大的增值量又引起在追求利润的社会里的重复投入极大,而**大量的重复投入最后只有先成功一家被授权,其余没有被授权的形成资源浪费极大。所以,在该领域资源增值的估计会大大偏离其实际使用价值,也偏离其社会所有劳动力的投入价值,成为风险价值估计,还会与人才价值估计相联系而不可分割。**所以,建立动态全面的知识价值评估是重要的研究课题,本书下篇拟进行深入研究。

4.3 社会资源评价

人是社会的基本组成,人力资源是社会资源的重要部分。此外,社会资源中有社会经济基础的资源,更多是意识形态上层建筑的资源,涉及政治、经济、文化、法律、外交、军事等资源。社会资源更多是关于关系型和过程型的资源,其评价相对较复杂,较多元化,许多方面尚没有一致满意的评价标准。

周光召主编的《21世纪学科发展丛书(资源科学卷)》认为"从现代的认识来看,资源由自然资源、社会资源和知识资源三部分组成"。自然资源是指人类可以利用的自然形成的物质与能源,是可用的自然物;社会资源是指在一定的时空条件下,人类通过自身劳动,在开发利用资源过程中所提供的物质和精神财富的统称;知识资源是从社会资源中剥离出来的一类资源。专家学者普遍认可数据、信息以及知识三者之间存在差异。由于社会资源的性质根据类型不同而不同,其评价也不尽相同一致,除了经济资源较重视量化评价外,社会资源更注重定性评价。

4.3.1 资源代理和代理类资源

人类在生活生产中，需要使用各种不同的资源。社会中的个人和人群就都有获得其他方提供的资源的需要，这就必然产生了社会中资源的交换活动。这种交换活动最早是使用实物资源直接交换的，对不同的资源实行价值对等原则直接进行交换。随着交换活动的发展，为交换方便起见（按照经济学说法是减少交易成本），"资源代理"就出现了。

约定6：资源代理必须具有携带方便、使用简单、具有等值单位、具有一定公信程度的特点。

结果"货币"就首先成为了这种"资源的代理"。在中文中"货"就是资源的意思，"币"是代理物的形象。**马克思在资本论中分析了资本社会货币的三类基本功能：支付功能、核算功能和流通功能。一般的资源代理也都具有这三类功能。**

约定7：当货币的这些功能趋于稳定，并被普遍使用时，货币本身也成为一类资源，从"资源代理"而成为了"代理性资源"。

自从有了货币以后，其他类代理性资源还在不断发展增多。各类票据资源、证书资源、信誉资源等衍生出了许多类别。目前正在发展的数字币、虚拟币等也都已经进入了代理资源的行列。

代理资源都是基于信誉基础之上的，而信誉是随着评价的改变会改变的，当信誉改变了，其代理价值也跟着改变了。所以，对代理资源，评价是很重要的。同时，代理资源的形式表示物可以是纸质、金属、网络数字等，这些表示物的本身极易生产而价值不高，但作为代理资源时其可以成为高价值的代理。所以，**代理资源的发行机制和流通机制成为权力型资源的重要问题，它们总体形成一类金融资源而影响到目前整个人类社会的发展。**

4.3.2 货币资源和核算

核算是对资源运动中量的变化的记录与追溯。货币资源的核算功能使其成为经济核算的单位与基准。核算也是经济学评价的主要过程和评价基础，通过各个层次上的预算、结算和决算来评价价值走向和结果，来控制资源运动的趋势。

各个国家都有自己相应的"预算法"。从宏观经济到微观经济的预算,本质是对资源投入量的计划分配。分时、分地、分项地规划和计划资源的投入,是一种资源控制手段。一旦预算通过,整个资源运行将按照预算计划被控制运行。所以,国家和企业的资源运动控制的基本手段就是"计划",而不是其他。在资源实际运行的每一过程,每一项目部分的资源使用和评价都需要进行结算。最后对资源综合运行结果的评价也是通过决算进行的。货币在整个核算中成为资源价值的量化单位。

4.3.3 经济评价

货币成为核算评价的标准,实际上它也成为评价活动中一类不可缺少的资源,不妨也称为"评价资源"。经济评价与经济控制关系紧密。经济发展的状况是社会发展状况的主要层面。这使得经济评价成为社会评价、资源评价的核心问题。经济评价涉及所有资源领域,是非常大的课题,应用的研究成果很多。但经济评价的根本问题还是资源运动的效益问题,只是因为所考察资源的范围和运动状态的不同,分别有国民经济的评价、各类企业事业经济的评价之分和事前、事中和事后评价之分。由于对许多软资源量化评价的困难,以量化评价为主的经济评价在软资源评价上就形成了许多复杂的方案和各种指标。

经济系统是复杂系统,所有复杂系统的研究都应该采用系统研究的方法,按照复杂系统的规律进行才是科学的、有效的。系统研究的方法主张从系统结构、系统约束条件、系统目标、系统控制决策等方面来进行研究。系统结构不同、系统目标不同,系统的控制手段必然会不相同。

(1)宏观经济评价

宏观经济是考察世界经济和各国的国民经济的问题。宏观经济的考察目标早期是单纯资源运行的效率问题,是发展性和效率性评价。这时的主要评价指标是结果评价。有国内生产总值(GDP),指一个国家(或地区)一定时期内生产活动的最终成果。国民生产总值(GNP),等于国内生产总值加上来自国外的净要素收入。内部收益率,经济净现值(ENPV),经济净现值率

(ENPVR)等。这中间认可的生产要素资源也较狭隘,只是直接参加生产的人、财、物。

随着社会发展,人类对资源认识的泛化与深刻,宏观经济评价产生了根本性的改变。评价目标以公平性、可持续发展性指标为主,不仅评价结果,更多评价过程,不仅评价资源量值,还评价资源能力。指标以经济发展、社会民生、资源环境、消耗排放与环境治理等五个一级指标构成。

但目前的公平性评价还只是有限公平性评价,比如把资本资源看作为个人所有资源就违背了资源公平原则;对未来后代的资源公平问题还只是有限因素的考虑,没有完全与当代人平等来看待后代人的资源权利。

(2)微观经济评价

微观经济是资源运行实体组织的运行评价。主要是企业经济评价。我们前面已经分析过,企业评价同样是从资源效益评价发展到企业生命活力评价的高度,从结果评价上升到过程和能力评价的高度。

(3)项目(工程项目、产品项目等)经济评价

在项目经济评价方面,有产出效率指标,运营效率指标,盈利能力指标,偿债能力指标,发展能力指标,社会贡献指标等。有时间性、价值性、比率性指标等。现在普遍增加了资源利用、环境保护、质量寿命等指标。

(4)经济评价的预估性

为资源控制的有效性起见,评价的预估性是确定资源过程的控制的必要途径,是不可避免的。作为对预估风险的控制补偿,作为备用资源的准备金的预先投入也是必须的。但另外一种越来越严重的问题是对产出资源使用权的预付确权,其实质不是期货,而是现货超前消费!根据系统控制规律,凡是过度采用超前调节控制,极易引起震荡和不稳定。在消费主义盛行和评价类金融衍生品作用下,这种现象危害社会,败坏资源非常严重。

期权又称选择权,它是一种合约资源,是指持有人(即合约购买者)具有在规定期限内的任何时间或到期日按双方约定的价格买进或卖出一定基础资源的权利;合约的出售者负有按约定卖出或买进一定基础资源的义务。期权是一种不对称合约,给予期权买方执行合约的权利但没有必须执行的义务;给予

期权卖方只是义务而无权利,只要买方决定行使期权,卖方就必须无条件地执行。若买方认为行使期权对其不利,就会放弃行使期权的权利,而此时卖方无权要求买方履约。但作为期权卖者承担义务的补偿,期权买者要支付一定的费用,称为期权费或期权价格。至于目前的期权费或期权价格能否补偿卖者承担的义务还是一类问题。

期权针对的期货资源如果为基础实物,可以利用其对冲实物资源的价格风险。但卖方如果不是基础实物的生产者,而是代理操作者,或者期权交易不是基础实物,而是资源代理类契约、票据等金融衍生品,那么就产生**高阶风险,风险程度可以增大数个数量级,**也就是其交付费用应该成倍地高于杠杆的等级,才能控制该类交易的一般风险,否则只会风险大于收益。并且会在平仓前就出现负收益的情况。

4.3.4　评价资源

资源评价的普遍性使得评价资源越来越被重视,但目前对评价资源比较集中的理论研究尚较少。国家和社会的发展进步实际也和其"发展的评价指标"的发展进步密切相关。十八大以来习近平总书记强调了我国发展指标评价必须突出"全面"和"精准"的要求,推动了关于全面建设小康社会指标体系的更科学、更完备的发展。

（1）评价资源的类别

评价资源主要有评价标准、评价机构、评价系统和评价审核等。

1）评价标准

各类评价都有相应的评价标准,这些标准有各领域、各行业、各上级管理部门负责确立制订和监督执行。很多评价标准属于知识资源或法律资源。国际标准化组织、国家标准化组织和企业的质量标准制定部门等都制定了大量产品和行业标准,在质量评价方面起指导规范作用。文化教育、卫生健康、通信与交通等公共领域,也都有相应规范标准,以维护和促进该领域的稳定运行和发展。在人力资源评价上,学生的知识能力水准往往有考核评价标准,人们的职业从业能力也有相应的考核评价标准。

所有的评价标准都是系列的指标体系,一般不会是单项指标。有些领域评价标准难以统一,会同时存在多个有差别的分别被使用的评价标准,或者是需求方根据自己需求制定自己的评价指标。比如企业对自己产品和服务的评价意见的征集会根据自己的实际情况提出评价条目和要求.凡是涉及到经济制度、政治制度、社会秩序和民族文化的评价,因为与三观有关,这类评价在不同制度下总是没有一致的标准的。科技水平和学术评价已经形成了一些评价指标系,但还是在不断演变完善之中,**要使得评价本身具有科学、客观、有效、公正性,并不是简单的评价领域本身的问题,是涉及整个人类的价值观、资源观的问题。所以,评价标准是随着人类对自然界和社会的认识的发展而发展的。**

对我国进入小康社会的评价,先前只有定性的描述和国民生产总值等简单量化指标。虽然国家统计局具有关于经济水平、物质生活、人口素质、精神生活、生活环境等统计社会发展的口子,但结合小康的量化指标的研究不多。随着提出全面进入小康,要率先进入小康的江苏、浙江等省对小康指标进行了较多研究,提出了较具体全面的小康指标集,并在全国普遍推广。量化的评价指标中多数是相对性评价指标,体现社会发展的趋势。这些评价指标对几十年间整个中国社会的发展方向,发展模式起了决定性指导引领作用。特别是十八大后四个全面发展的提出,使得我国的发展从单纯重视经济发展,向全面重视经济、社会、文化、生态、政治的协调发展转变,向高质量、高水平发展方向转变。可见评价指标本身的引领作用,是最基础、最核心的指导引领作用。

2）评价机制和机构

评价机制决定了评价机构的组成规则、评价授权的范围、评价结论的形成、评价运行的方式等。决定评价机制和组成评价机构的都是人,而被评价的对象主要也涉及到人,这就是评价中的主要矛盾,由此也产生了回避制度和第三方评价(监督)机构。**能够有权制定和修改评价标准,执行评价标准的机构是评价机构。评价机构已经逐步实现专业化、专职化。评价机构有民间机构和官方办机构**,但都有相应主管部门的管理监督。比如质量技术监督局就是许多技术评价资源的管理评价机构。大学的排名评价也有了许多民间机构。评价机构的设立和管理运行,依然是值得研究的问题。

3）评价系统

专用的评价系统很多,许多评价系统往往做成网络平台。很多考核评价系统也发展了网络型评价系统。高档的评价系统需要综合多维的评价意见，具有统计汇总的功能。面向社会的开放型评价系统具有舆情收集功能，还能成为大数据挖掘的信息源。评价系统的开发已经成为国家发展研究和信息系统建设的一个重要方面。

4）评价审核工具与手段

评价需要审核，需要通过一定途径征集并处理，这些涉及评价的技术有调研问卷设计技术、考核设计技术、考试控制、试卷批改与统计方法等。这些技术与方法都是评价的宝贵的基础资源，有待大力发展。

（2）评价资源与信誉资源

各类实体的信誉资源已经被认为是其核心资源之一。在经济领域的企业信誉等级对其发展起根本性制约。而信誉等级的确定不仅来自于其经济行为的评价，还来自于各种评价信息的传播。基于此类特点，世界级大企业往往注重投资发展大型传媒实体。目前世界最大的传媒实体，背后控制都是跨国大经济实体。媒介传播资源的争夺成为市场和信誉争夺的焦点。对一般企业而言，为了传播媒体上的点击排名，也会与传媒进行合作和交易。

（3）评价资源的开发

评价机构资源需要资源的投入和审批。评价标准、评价审核手段和评价系统都要由专门的评价机构进行开发。在评价机构一节已经提出，评价机构可以分成民间机构和官方机构，同一领域的评价，可能就同时存在官方和民间的评价机构。但评价机构的确立都是有一定审核，一定认可的。评价资源的开发应该是从评价的需求出发，全面考虑评价系统、评价平台、评价标准的同步一体开发。过多的评价系统开发是不利于一个领域的评价的，是一种资源的浪费。

1）评价系统的功能

一般的评价系统的基础功能至少得具有信息与文件收集服务、问卷生成与发放、网络交互型媒体平台、邮件系统、统计系统、定性意见量化分析工具（层次分析法等）等。从技术角度讲必须有完善的网络技术、计算技术、通信技术和知识工程技术。如果是开发第三方评价系统，必须考虑系统的通用性和适应性,确定争议裁判机制。

2）反评价问题

在目前的评价机制和评价系统中,反评价的功能还普遍没有重视。**所谓反评价就是系统对提供评价意见方的信誉和意见进行评价。反评价其实是一种客观存在,评价信息产生之时,就同时产生了对该信息的评价,让该评价显式化就形成反评价。所以进行反评价的资源直接来自于该评价意见提供方所提供的评价意见。**人们在经受评价的同时无不在对评价方进行着反评价,只不过这种反评价有的是仅存在于脑子中没有反映表达出来,而有的就表达出来了。比如网络媒体中设定的拉黑功能和踢出功能就是方便人们进行反评价。反评价功能应该是完善的评价系统的一种自动化功能,系统通过特定的算法,不断地在线评价投出意见的评价方,确定其意见级别。这种机制类似一些会员制机构对会员成员的控制。缺少反评价机制的评价总是会存在不少问题的。

以我们通过选课学生对授课老师的打分评价中的问题为例,分析该类问题。学校对教师的教学量易于通过任务分配统计评价,但对教学质量却较难评价。现在的评价方式之一是通过所选课程学生的打分来作为教学质量评价的参考,有的高校还一度作为评价授课质量的主要依据,占老师教学质量分数的一半。后来有教师反映其教学中平时反馈反映都可以,为何打分汇总那么低?经查学校对打分中所打的优良中差级别选项出现"差"时会将该项的权增加很多,也就是你的打分评价中如果有个别是差的话,即使其他都是优或良,在相对比较中,你的总分排名会落后很多。那么到底是什么学生认为该老师很差呢?调查发现是个别学生打的,这学生实际对他所打的几门课都打了最差的评价,而该学生对这些课基本是没有去上过课,上的什么内容,如何讲的,要他实事求是打分也没有办法打,干脆都打差。其实,对这种情况如果评价系统有反评价机制的话,很容易判出该学生评价的可信度,应该不予采信。另外,也暴露出主观给某些评价项加权会偏离准确的评价。实际上对老师的评价首先应该信任老师,既然聘任了老师,就该授权于老师,对选该课程后,完全没有根据修课要求完成平时听课和作业等的学生,其考核已经不能通过,也应该同时丧失对该课的评价权利。

3）评价的泛化

信息化和全球化实际使得评价也趋向泛化,即普及化、全民化、多元化。

所以对一些评价系统开发建设来讲,评价信息的收集机制必须充分考虑评价泛化的问题。特别对涉及社会公众生活和权利的评价系统,必须有吸取开放性的广泛评价的机制和相应的平台。政务系统的开放性意见平台如两会建议等就是顺应评价信息泛化的机制。

4)评价系统的评价

评价系统的普及推广,使得对评价系统本身的评价越来越重要。评价系统不仅要满足实现评价信息收录和根据评价指标实现评价结果,而且要能够实现本身系统的自调整,自完善和自发展。所以,评价系统如果只具备收集输入数据和处理数据功能是不够的,不完善的。

评价系统应该具有自适应与反评价功能,不断根据对评价输入一次信息处理成二次信息,进行反评价,以自动调整输入评价一次信息的权值等级和调整输入信息的采样范围。评价系统还应该具有通过评价结果进行分析而自动跟踪评价需求,自动调整评价指标系列的功能。这样,一个完善的评价系统的运行机制应该如图4-2所示。

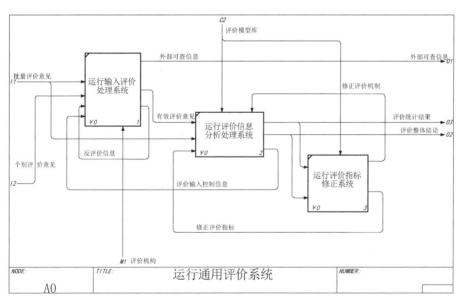

图4-2 具有自适应调整和反评价处理的评价系统功能

该图是采用IEDF0设计工具的一类通用评价系统的基本功能模块。输入处理功能模块对评价输入信息进行规范化和有效性处理,并根据反评价的机制,确定评价输入的实时权重值。评价分析处理模块对处理过的有效的个别评价和批量评价输入进行统计汇总和根据评价模型进行导出评价结果。评价指标修正模块根据评价输入和评价分析处理结果及上级指示规范修正评价指标和评价机制。

(4)评价资源的应用

评价资源越来越得到普遍应用,特别在相应资源的控制管理机构之中,无不应用相应的评价系统、评价平台对所属资源进行评价。但评价系统是否能满足符合评价目标仍然是值得研究分析的问题。在评价资源应用中,该考虑的因素很多,但对评价指标的客观有效应该是最基本和最敏感的问题。所以,对评价系统的输入信息,不仅要考虑其分布的影响,还应该充分考虑其量能的影响。

比如股指问题是一类典型的评价问题,股指反映什么?是评价资源应用的重要领域。股价是反映股票的价值的,但在信息时代,在股市交易中其实际反映的是"对该股的一种评价的价值",而不是对该股企业的价值的评价。这种评价显然决定于该股相关的政治、经济、社会、人事的种种"信息"。也就是说,股价实际是取决于信息。谁掌控了信息,谁就掌控了股价。这也是目前世界上大经济体,都会把很大的投资放在掌控财经信息上的原因。任何虚假的、片面的、错误的信息都是可以极大地影响到股价的。

说股市是一类资本市场,又对又不全对。从公司上市股价上升看,公司通过股市获取了一些资本金,让社会的资金流入需要资本的公司。但由于股价与公司绩效的实际分离,股价变动时,并不完全影响公司的资本。

中国股市每个股的股数只是会增加,不会减少。你再怎么砸股价,购买这些股的存量资金是改变不了的,即使有人要"逃离"股市,也必须要有人"买进",交易才能成功。虽然目前逐步实行退市机制,但还限于个例。

股指是什么?"上证指数"全称"上海证券交易所综合股价指数",又称"沪指",是国内外普遍采用的反映上海股市总体走势的统计指标。上证指数由上海证券交易所编制,于1991年7月15日公开发布,"点"为单位,基日定为1990年12月19日。基日提数定为100点。于1992年2月21日,增设上证A股指数与上证B股指数,以反映不同股票(A股、B股)的各自走势。

上证指数A计算公式是一个派许公式计算的以报告期发行股数为权数,

即时股价的加权综合股价指数。

目前上证指数 $J(t_s)$ 的计算公式为：

$$J(t_s) = \left\{ \sum_{i \ell I} V_i(t_s) \Big/ \sum_{i \ell I} V_i(t_0) \right\} \times 100 \qquad (4-1)$$

式中　$V_i(t_s)$——为报告期采样股的最新市价总值

　　　$V_i(t_0)$——为基日采样股的市价总值

最新市价总值：

$$V_i(t_s) = v_i(t_s) \times m_i(t_s) \qquad (4-2)$$

$v_i(t_s)$——第 i 股最新交易价

$m_i(t_s)$——第 i 股发行数量

问题就出在这样的计算公式。这样的计算给做空指数带来极大方便。而不能反映市场对该股的评价的量能。

比如工商银行股价原为 4.6 元，做空者打出 4.2 元(300 股共化 1 800 元)抛出成功，那么最新市价就用 4.2 元计算了，按照工行 3 340 亿股计算的最新市值就从原来的：

$$4.6 \times 3\,340 = 15\,364\ 亿元$$

一下子变为：

$4.2 \times 3\,340 = 14\,028$ 亿元，1 800 元的单子就让其股市中的总市价跌掉 1 336 亿元。

出现这种情况最大的问题有：

1) 我国股票市场里权重最大的上市公司基本上都是国有控股的上市公司，这些公司的真正流通的股票，特别是在被解禁前占总股本的比例很小。其亿股与所占比，如中国银行(4.39，－2.01%)、工商银行(4.82，－1.03%)、建设银行(6.06，－2.1%)、中国石油(10.63，－1.76%)、中国石化(5.81，－2.02%)、中国人寿(28.19，－3.49%)的大股东都是国有资本，这些控制在政府手里的股票有暂不流通的周期，实际在市场流通的股票合计只有 A 股总股本的 10%左右，但在上证综合指数的计算里，这些股票的权重都是按照其 A 股总股本数计算的。上述 6 只股票曾经占上证综指的权重约 30%，用较少的资金就可以控制这 6 只股票，达到控制综合指数极大波动。

2）去掉对非流通股影响,最后交易价能否表达该股票的库存市值呢？显然是不能表达的。因为该指数要表达的是当前的库存数的评价值,它是不能由最后交易价确定的,因为该股的股数不会变化,根本不可能在最后某一个时间点或者时间段出现所有股票数按照这个价交易出尽一遍。所以这样算出的不是该股的市值,只是权限极小的一份对该股的评价。那么应该按照什么公式计算整个库存股的市值呢？如果按照沪深 300 等的修正式,虽然有改进,但也还是不能科学反映市场对该股的真实评价。这就需要另外有反映股票量能的综合股价的股指。

其实只要在企业做过成本的都知道,库存材料的成本如何估算到产品中去？在早期(没有计算机工具时),确实有根据"最后进价(最新价)"来计算成本的,那时使得成本跳动不准,甚至因为计算的原因引起利润过高和过低。而在现代企业成本计算中都是采用"分批实结"法,或者"移动平均值"法。采用分批实结对计算操作要求太高,多数大企业会采用"移动平均值"法。如果这样计算,就要引进股票的量能均价,是通过移动平均计算的。使用报告期股指量能指数为:

$$J_N(t_s) = \left\{ \sum_{i \notin I} V_{Ni}(t_s) \Big/ \sum_{i \notin I} V_i(t_0) \right\} \times 100 \qquad (4-3)$$

式中　$J_N(t_s)$——为报告期量能股价综合指数

　　　$V_{Ni}(t_s)$——为第 i 股量能评价价格下的总值

$$V_{Ni}(t_s) = V_{Ni}(t_{s-1}) - [v_{Ni}(t_{s-1}) - v_i(t_s)] \times m_i(t_s) \qquad (4-4)$$

　　　$v_{Ni}(t_{s-1})$——为原库存量能计算价

　　　$v_i(t_s)$——为新交易价

如此对原来的工行股新库存总值如果就把 4.6 元作为原计算价的话,对该股量能评价损失就应该是:

15 364 亿元—120 元。在亿元位毫无影响,在万元位也无影响,与 14 028 亿元简直是天地差别！

这样的指数如实表达了各个时期市场对该股的认同评价,反映了实际价值评价的量能演变。如果在保留现价指数的同时,增加量能股价这样科学的股市指数,必然将引导中国股市更健康稳定地发展。

4.3.5 权力资源

约定 8:这里的权力是指作为资源定义下的权力。资源权力是使资源得以可用性实现的控制支配条件。那么,这些条件就构成权力资源。

所以,权力的有用性在于其控制支配性。**在法规规范下的权力被称为权利。**由于权力本身也成为了一种有用性事物,成为了资源。那么对**权力资源的控制支配性又成为了高阶的权力,高层次的权力资源。**被赋予资源权力的对象是个体的权力称为私权力,被赋予资源权力的对象是组织群体的权力被称为公权力。公权力的行使必须代表集体组织的利益,所以必须有完善的组织履行机制,组织不能简单地再次把公权力赋予组织个别领导人。所以,把公权人规定为必须是自然个人的做法本身违背了公权力的愿意,这样的法是有问题的。法人本身是组织体,不存在(公权人)所有者缺位的问题。

(1)社会学下的资源权力

既然权力是资源应用控制支配性条件,那这个条件就是资源应用的充分性条件。社会学从伦理观、道德观的视角看待资源权力。有天赋人权说,即资源是客观存在,人也是客观存在,所以资源权是人人有份,是上天赋予整个人类的,是公权。也有天赋私权说,认为很多资源是独占使用的,资源必须给每个具体个人才能应用。

(2)经济学下的资源权力

经济学研究资源的应用效率,作为把资源和经济看作复杂系统的经济学,认为资源运行效率是提高系统的有序度,减少运行的消耗。所以作为对资源的可用性约束条件是越少、越简单,效率越高越好的。目前有些把权力资源多次分解和运行复杂化的做法,比如分解成所有权、承包权、经营权、使用权等,都是不利于提高资源应用效率的。

(3)政治学下的资源权力

政治学下的权力更多的是高层次权力控制,是组织公权力的控制,是整体资源运行的控制。**政治权力是国家制度法规下的权力。**以强化公权力为社会和宏观经济服务的目标实现资源运行的优化。**在重视公权的观念下,政治权力和社会权力是可以统一的。在重视私权的观念下,社会权力和政治权力处于制约的状态。**马克思主义认为,国家权力是强制力,权力的载体是政府机关、警察、法院和军队等国家机器,权力是统治阶级集体意志的集中表现。权力是为了维护阶级利益而存在,是阶级斗争的工具与政治斗争的目标和结果。社会主义国家的所有权力来源于人民,人民具有监管控制政府权力运行的义务,以维护人民自身权利。而资本主义的国家主张在国家内部以权力制约权力,寻求将立法、执法和司法的三权分立来互相制约的途径。

(4)权力资源价值与权力寻租

权力资源作为一种资源,本身就具有了价值。权力的价值与其所控制支配的资源的价值有关,**被其支配和控制的资源的价值越高,作为充分性条件的权力资源的价值就越高。**权力资源的层次越高,显然该权力价值也越高。

如果利用权力资源的支配性为其他利益主体获取价值,就形成权力寻租。权力寻租的收益可以根据相关契约分配给权力所有者或相关利益者的利益确定。在私权合理合法的机制下,通过契约交易的收益被认为合法。**在不承认公权可以赋予私人独立运作的机制下,权力寻租被认为非法,或被称为腐败。**

4.3.6　契约与法律资源

(1)契约

本书不讨论西方学者研究的社会契约,只是从资源角度分析一般契约的资源属性。前面已经说明权力是一种资源,对权力的控制还是属于权力,是高阶的权力资源。而**契约是规范认定权力的一种形式,其实就是一种高级的权力资源。**

契约可以发生于个人与个人之间,也可以发生于个人与群体之间、群体与群体之间。当群体是组织体、是社会权力组织体、甚至是整个社会时,同样存在各主体之间的权力认定问题,同样会存在权力认定的形式—契约。产生于个人之间的契约是私人契约。涉及群体的契约是公共契约。涉及社会的契约是社会契约。契约达成的形式一般是契约各方信誉核定下的条文规定的形

式。契约必须于契约各方留存或按契约条文规定存放方式留存。契约可以有
短期、长期和永久性的期限区别。

个人契约与一般公共契约都应该在条文中落实所认定权力的行使方式。
社会契约所认定的权力行使方式就必须要有社会权力机构才能实现。国家和
一些世界性组织就是社会权力机构。

（2）法律

**法律，是公民行为的一种他律制度，也是可以控制公民社会行为的一类权
力资源。**所以，法律是针对整个社会的，是一种社会契约。作为法律的社会契
约有着制定立法、运行执法和监测控制评价执法过程三个方面。将这三个方
面分别落实行为主体，可以保证法律系统的持续运行。西方社会在运行中形
成了这三个方面相对独立的分权体系，称为三权分立。法律的制定者是立法
机关，立法机关是被公民选出的人，代为行使公民的立法权的。执法方是政府
行政，是立法契约确定授权执行的机构。检法部门负责对执法中定性评价以
精准符合契约内容。

东方国家也先后吸取了西方这种三权分立的适用部分。政府总是被分成
三个部分：主权者代表公共意志，这个意志必须有益于全社会；由主权者授权
的行政官员来践行实现这一意志；人民通过社会契约监督行政的整个践行
过程。人民与政府之间，就此达成契约。契约的内容很明白，人民组织政府
执行公权力，政府的职责则是最大程度保障人民的权利。从政府的合法性来
源来看，其公权力来自人民的让渡，因此，在契约关系下，掌握主动的是人民，
即要由人民掌握主权，这样才能对政府进行监督，以保证政府时刻都在尽职
尽责。

作为权力资源的法律评价，一是其人民性的程度，即作为主权方的人民与
法律契约的相关程度；二是法律执行效率的高低；三是人民对执法进行监督的
有效程度。如何实现这三条，实际已经成为政治问题。

4.3.7 政治资源

**政治是上层建筑领域中各种权力主体维护自身利益的特定行为以及由此
结成的特定关系。**所以，政治也包括了对经济的研究和控制的领域。政治和

经济一样,也是社会发展的决定性因素。

与政治活动相关的资源称为政治资源。政治资源可以基本分为意识形态和权力两大类。意识形态资源包括信仰、思想、政党、社会组织、宣传传播媒介等;权力资源包括国家体制、军事、法律、行政、公共秩序等。

狭义的政治资源是行为主义政治学的术语之一,是指政治行为主体可用于影响他人行为的手段。在政治生活中,人们通过对政治资源的利用,以获取期望的结果。西方学者认为,政治资源的范围十分广泛,如财富、社会及政治地位、声誉、友谊、职业、收入、知识、信息、能力、立法权、专投票、对传播媒介的控制力、对警察和军队的支配、武装威胁、时间等都具有政治交换价值,都可成为政治资源。如政府总理与普通公民属相比,前者的政治地位注定他比后者拥有更大的政治影响力。这些其实都是在权力资源应用之下的结果。

政治资源的分配尽管在不同的政治体系中状态不一,但不平等是绝对的。政治资源分配的不平等首先来源于社会和政治的不平等。同时,先天差异和社会学继承的差异及行为动机和目标的差异也是形成不平等的客观因素。政治在本质上是人们在一定经济基础上,围绕特定利益,借助于社会公共权力来规定和实现特定权利的一种社会关系。

在我国的政治思想资源主要包括政治学原理、马克思、恩格斯、列宁、斯大林等经典著作研究、毛泽东思想经典著作研究、党史研究、政治社会学、比较政治学等。

政治制度资源主要包括中外政治制度史、中外政体与国体、中国共产党领导的多党合作机制、中国共产党的建设论及监察与监督理论、中国监察和监督制度史、中外选举制度等。

行政资源主要是一系列权力组织资源和管理人力资源。现代行政资源的应用越来越依赖于信息和知识平台资源的支撑。

马克思认为国家和社会存在着矛盾和对立,国家的消亡经历着政治国家向非政治国家的漫长过渡时期,当国家权力回归社会时,国家权力方可消除。政治力量向全社会力量回归是人类解放的必要条件,权力必然会从国家走向社会,进而走向人类解放的共产主义。而当社会基本对立的矛盾没有消除的时代,政治权力就不可能消除,还会得到加强。

4.3.8 外交资源

资源泛化的一个重要趋势是资源的国际化、全球化。自然资源的开发应用的国际化、经济的全球化、社会发展资源的全球化都在不断地进行中。**对全球性的资源的开发、利用,和国内外资源的流动交流相关活动的支持和控制的资源,为外交资源。**所以,这里的外交资源除了包括国家关系方面的外交外,还包括对外部经济关系、文化关系、科研关系等涉外活动的支持和控制的资源。

外交资源实际是由一些机构、人员和公共平台和对外媒体组成。比如驻外领、使馆、外交组织和公共外交网络等。公共外交网络,作为整合的公共外交传播平台,由公共外交文化交流中心等主办。如创立于 2011 年 5 月 1 日,唐家璇、赵启正、吉佩定等参办的公共外交网平台涵盖网站、杂志以及微博、微信等新媒体,成为中国公共外交领域面向驻华外交机构及关注公共外交事业的广大受众的非盈利传播平台。

公共外交网站致力于普及公共外交知识,推动公共外交繁荣,以独特的视角展现多元化的公共外交资源以"提升国民整体素质,塑造良好国家形象,普及公共外交知识,体现中华文明价值"为宗旨,内容从社会、人文、经贸、文化艺术到外交活动、专家访谈、大型论坛等,通过多层次、大视角、深入透彻地解读公共外交,让更多的人了解公共外交,参与公共外交,同时为社会各界提供了一个优质、高端的资讯平台。

外交交往民众化使得外交资源的使用已经民众化,提高对外交资源使用的认识和规范管理已经十分重要。

4.4　资源伦理

资源作为与人类生存、发展最关系密切的事物,对其的基本伦理历来就被人类关注。由于资源泛化的必然性,资源伦理的泛化发展也是必然的。本书仅就几类公众关注度集中的资源伦理问题作分析。

4.4.1　资源公平

资源与人类的关系是整体性的,是针对全人类的。所以,资源伦理的首要问题在于资源的公平问题。

（1）资源公平是所有公平的基础

人类一切活动都在资源支撑下才能进行,都离不开资源。自然资源是天赋资源,对世界一切生命是平等的,所以自然资源的公平,首先就是自然资源开发利用权的平等性。

知识资源是信息资源的最高级形态,也是整个人类所拥有的资源。因为**任何新知识的生产都是在应用了整个人类知识的基础上得到的,所以,除了给与知识生产者必要的回报外,在所有权、使用权上也应该是完全平等的。**

失去了资源公平,就会造成社会各类系统的不公平问题,并形成了其他所有领域的不公平。

（2）生命基本生存资源的平等伦理

土地、空间、水等生命必须的基本资源,是生命的存在性资源。一个生命来到地球,来的世界,你不可能不给与其存在的空间和土地。所以,这些资源是每个生命个体都有份的,是必须对所有生命都平等的。必须注意到,这个平等性既要包括对所有当代的人的平等性,还有包括对其它所有生命的平等性,并包括对所有后代生命的平等性。所以,这些资源被个人占有,或只被部分人的占有是有悖伦理的。这类资源的自由买卖经营也会引起对生命基本权利的侵犯。这类资源应该有整个社会的公平管理和控制,只能合理分配和有偿的短期租用,土地私占和长租期的买卖极大地破坏了资源公平,造成人类异化发展和严重的两级分化。

4.4.2　种源保护

种源资源也是自然界提供的公共资源,是自然生态世界繁衍的基础支撑。种源灭绝和种源异化都是直接影响人类和整个生命界的存在和发展的根本性问题。世界各国都有相应的种源保护法规和公益性种源库。但是这些法规规定依然严厉不够,执行不力。各国已有植物种源库尚不完整,动物和微生物库更是大为不足,野生动物保护法执行尚十分困难,生物灭绝依然在演进。为谋求特殊资源的霸权,进行异化种源扩散的图谋依然存在。

近来新冠病毒的疫情大爆发,也暴露出对微生物资源的异化、对世界上少数的高等微生物实验室的立法控制的统一性、公开性和公共监督性缺失的特大危害!

我国农业部 2003 年发布的《农作物种质资源管理办法》和全国人大 2016年修改实施的《中华人民共和国种子法》都指出,"农作物种质资源工作属于公益性事业,国家及地方政府有关部门应当采取措施,保障农作物种质资源工作的稳定和经费来源。""禁止采集或者采伐列入国家重点保护野生植物名录的野生种、野生近缘种、濒危稀有种和保护区、保护地、种质圃内的农作物种质资源。"但野生植物靠种子能保护好的是很有限的,基本都要有保护地、保护区保护,这就使得保护的资金、管理资源不足。另外,由于目前农业一味把向土地获取效益作为主要甚至全部承包目标,所以大量除草剂、杀虫剂的使用,使得原来与作物共生型植物资源濒临灭绝,比如原来稻田最多见的稗草,现在已经很难找到。而现在人类发现作物所需要的抗逆性基因,几乎都是野生植物所具有的基因。

种源保护的另一面是外侵物种和基因工程培养新品种对生态的异化作用问题,安全性检疫和安全性新品论证还不是十分严格,由于涉及遗传与生态,相关法律应该增加对遗传及种间影响安全的论证要求,比如**基因改进育种和基因种子处理技术的要求规范中就应该加入遗传安全和环境生态安全的全面认证。**

4.4.3 资源的安全使用

在资源使用权上,由于当今世界主体还是按照有偿获取使用权为主要规则,所以资源的安全使用问题越来越大。

(1) 毒品滥用

许多资源除了可以有益性使用外,往往还有有害性的一面。根据人类真善美正义的伦理,是根本不会进行有害性应用的,但毕竟人的价值观、道德观不会一致,在以私人利益为主的价值主导下,就会使用有害资源,甚至不惜研究生产有害资源,这使得有害物已经失去资源的原本属性,异化为有害事物。

毒品是典型的资源被异化滥用的例子。许多天然和合成麻醉物,被超量滥用、被高浓度提纯,成为毒品。尽管有严厉的法律,但崇尚致富至上的社会对高额的利润的追逐是不可抑制的,甚至可以应用人类最新的知识和技术来研制新的毒品。

(2)武器滥用

生化武器和核武器等危害全人类的灭绝性武器早就在禁止之列,但为了谋求霸权和私人暴利,总是有人在研制生产,甚至公开退出限制禁止性协定。

(3)污染型资源滥用

还有许多资源在量上的过度应用,从长期影响看,也是于人类有害的。这些资源有的已经被归入环境污染和生态破坏去研究了。比如稀缺的煤、石油被过量开采使用、排放过度,森林被过度采伐,引起大气层质量性能大改变,气候异常加速。食品和营养品滥用与过度摄入、化妆品过度使用引起城乡特殊垃圾难处理、人类免疫力下降,基础性慢性病增加等。

(4)刺激性资源滥用

一般的消费品过度使用,都会引起人类相应损伤。比如城市噪音过多过强,引起人类听力下降。早就有研究说明整个现代人的听力比起百多年前是明显下降的。听力下降是对声音的阈值和分辨率都呈下降趋势。所以许多工业标准对噪声指标都是有规定的。但人类所处环境的噪声总体上还没有下降和被控制。食品添加剂滥用的结果是现代人的味觉退化严重。实际上,人是一种复杂系统,任何复杂系统都具有把灵敏度转化为稳定性的功能。人也是这样。当反复大量的添加剂刺激味觉后,味觉系统会将对其灵敏度转化为稳定性,即逐步不灵敏。人类在味精生产过程中曾经就遇到浓度增加了几年后,发现不加大用量又不感觉鲜味了,最后行业只能定下不再增加味精纯度,甚至号召尽量不用少用味精,以保护整个人类的味觉。

（5）宠物与奢侈品滥用

宠物和奢侈品属于人类非正常生存、发展的必须品。所以,宠物和奢侈品也是属于资源滥用一类。现在西方往往流行有毒有害型宠物,不仅破坏污染环境,还引起物种异化和疾病传染.这些物品使用也体现人类伦理观的异化。

本章结语

（1）资源评价正在成为人类生存与发展状态评价和方向道路选择的核心问题。根据硬资源、信息资源和社会资源运动和应用的性质特点的不同,它们的评价也有所不同。

（2）硬资源的评价分析已经形成许多规范标准,而信息资源和社会资源的评价尚缺少社会一致的评价方式、评价标准和评价规范。

（3）对信息定性分析应该区分语法、语义和语用的三个层次分析和其所处状态的分析。信息是可以计量的,信息量的应用实际是信息资源应用中的关键问题。信息的传播和存储等都已经有相应的量化标准。但在信息的高级形态知识的评价上,缺少相应成熟的规范。

（4）本章从分析资源代理引出代理类资源,分析了代理资源的特性,进而从代理资源的评价功能分析了一般评价资源的概念。

（5）根据评价需求的泛化提出评价资源观念,并分析了一类考虑反评价和自适应修正的评价系统。

（6）在政治资源评价分析上,本章分析了权力资源与其他资源的关系。

（7）对资源伦理分析中,本章提出人类基本生存资源的公平问题,强调了代际公平观念。对资源安全突出问题分析了其伦理起因。

5

资源的开发与变换

本章主要内容

　　本章提出资源开发是资源的发现、资源的拓展和资源从有用性向可用性发展的相关工作。并分别就自然资源、农业资源、物质产品资源、信息资源、文化资源的开发需求和开发特点进行了分析。接着指出社会产品资源的生产过程本质上主要是资源变换过程，并分别分析了三类产业生产中的资源变换和生产特点。在分析了服务业产品生产后，分析了人类消费观和财富观的发展演变，及对社会发展的影响。

　　人类发展对资源需求种类越来越多，数量越来越大。认识更多的资源，使更多的资源从潜在有用状态进入实际可用状态，总体上说是资源开发的任务。目前资源开发是对矿物、土地、动植物、水力、旅游等资源通过规划和物化劳动以达到可利用或提高其可利用价值，实现新的利用的过程。后者也称为资源再开发或二次开发。开发资源可以为人类提供新的物质财富和社会财富，可以避免因未被利用而造成的浪费。将废物作为资源进行再开发，可以充分利用有效的资源，减少废气、废物数量，进而减轻废物处理的负担，可以节约非再生资源，以便为后代多保留些生活资料。**资源开发的战略是合理开发非再生资源；努力开发可再生资源，全面实现有计划可持续的资源发展和利用。资源变换则是资源应用的主要形式，是资源视角下社会生产的实质。**

5.1　资源开发

开发一词是趋向泛化的现代热词。英文都用 develop 翻译,把一切与发展相关的基础性工作,包括资源管理的基础性工作都称为"开发"。**本文所指的资源开发,更精准的意思是指:资源的发现、资源的拓展和资源从有用性向可用性发展的相关工作。英文用 exploit 更贴近。**

资源开发可以包括几类工作。一类是对自然物新的可用性研究,包括新材料、新物种、新地域。第二类是探测,包括地下探矿、海底探测、外空间探测。第三类是已有资源的拓展整合和扩大应用,并发展新的应用领域。第三类开发也有称为二次开发,包括可耕植土地、新能源、新文化、新旅居、新教育等资源的拓展和整合。对自然资源、信息资源和社会资源的开发的侧重点也是有所不同的。自然资源开发重在第一、第二类;信息资源和社会资源的开发则重在相应的平台建设,重在第三类工作。对有关资源节约和资源生态的工作,将基本放在后续章节论述,不在资源开发中间讨论。

5.1.1　自然资源开发

自然资源是人类生存与发展的物质基础。在我国经济和社会发展进程中,自然资源的开发利用始终是一个重大的战略问题。**自然资源对经济和社会发展有重要的支撑作用,是经济和社会持续健康快速发展的基本保障,**同时,它亦具有重要的约束作用,其承载能力反过来会制约经济和社会发展。许多自然资源如土地、水、能源、耕地等资源的短缺,已经成为我国经济和社会发展的瓶颈。

自然资源开发的特点首先是涉及范围广。从人类对自然认识程度加深的进程看,不仅对地表资源如土地、水域、森林、草原和地下矿产、地热的开发在持续;而且对海洋、极地、太空等的探索开发也在进行中。其次是开发本身耗费资源大。对海洋深层、外太空等开发耗智耗资大、周期较长。最后还需要综合实力配套,包括科技资源、制造资源和社会集成支撑能力资源。因此,这方面开发的全球竞争态势将向着合作态势发展。

由于很多自然资源属于绝对稀缺资源,所以说自然资源的开发工作更多的是属于对自然资源的使用规范、节约和保护方面的工作。

(1) 土地资源开发

本书不讨论建设用地等纯耗费土地的管理和利用问题,就扩展可耕用土地和土壤改造两方面作为土地开发的目标。所谓未利用的或利用效率低的土地资源,其本身作为资源的价值并不会因为在其上建造多少建筑而增大,这些作为不动产的土地绑定实质是降低了这土地作为基本支撑资源的价值。因为土地是人类生产和生活所不可缺少的物质基础,也是人类赖以生存的生态因素。

土地是再生性生物资源的第一生存条件。仅将土地作为人类的居内活动所用,甚至滥用,造成了土地资源的严重污染和破坏,土地不合理利用产生的问题威胁到人类自身的发展。根据《2005 年中国国土资源公报》,我国的耕地数量只有 18.31 亿亩,人均只有 1.40 亩,大约为世界人均耕地的三分之一,土地资源潜力不足,特别是后备耕地资源不足。我国土地资源已利用的达到 100 亿亩左右,占土地总面积的三分之二,还有三分之一的土地是难以利用的沙漠、戈壁、冰川以及永久积雪、石山、裸地等。全国荒漠化土地面积仍以每年 2 469 平方公里的速度增长。**由于水土流失、贫瘠化、次生盐碱化和土壤酸化等原因,已造成 40% 以上耕地的地力减退。**上述问题的产生与人们在开发利用中过度重视土地的短期经济价值和市场价值,而忽视土地作为生态服务系统的价值是分不开的。土地资源作为一种最重要的自然资源,不仅为人类提供直接的生产资料、生活资料,还为人类提供赖以生存的环境空间。

开发扩大耕地应该是土地资源根本战略,是一切土地工作的首要目标。根据国土资源部报告可见我国国土和可耕地扩展被严重约束,已经十分困难了;但实际还是有许多情况没有被足够重视。江苏东部等广阔沿海沉积海滩的延伸十分迅速,象盐城地区以 150 米/年的速度继续向海伸展,渤海、黄海沿海如黄河口滨州地区等地快速的沉积,形成的大片滩涂湿地,这些都将是可以改造成耕地的。另外,沿海和其他水域大量养殖业的发展,也使得大片邻近水域有逐步陆地化趋势,也是潜在陆地。

作为耕地,它不仅是一般的土地,还涉及土壤。只有具有一定生态化的土壤的土地才能成为耕地。象北大荒等黑土层,不用化肥也能种植庄稼获得好的收成。但现在多数土地被承包经营,承包者只关心承包期内效益,因为对其承包约束只有交土地承包费用一项。所以其既不施用农家肥和种植绿肥,也不轮种和休种,使得土壤越来越贫瘠,甚至沙化碱化,珍贵的黑土层也逐年变薄。所以,对承包土地者都必须有土壤改良和土壤保护等土壤质量的约束要求,习近平总书记视察北大荒特别提出要"种养结合"这应该是当前土地政策的急所。

（2）水资源开发

我们处于一个大部分被水覆盖的星球,但淡水资源有限,清洁安全的水更是面临紧缺危机。**水是与气候生态环境相关的,气候异常变化引起水量的区域分布异常和季节分布的异常,影响了水资源。另一方面,人类活动影响水源和引起生态恶化,比如河流湖泊的富营养化等,毁坏了大量水资源。**

水资源开发首先就是抓水资源节约、治污、再生等措施,必须有水资源开发保护的综合规划方案;其次,不能从固化水资源、地下水资源等低成本优质水资源开发方向发展,应该开发海水淡化等领域技术;三要重视污水的产生、处理、排放、再利用的技术开发,要做到水资源合理的开发利用。

水力和水利资源的开发也影响到水资源。虽然它们属于能源资源、农业资源等,但开发不当,规划不周就会影响水资源本身。

（3）矿产资源开发

矿产资源与经济发展之间存在辩证的关系。一方面,经济的发展是需要各种资源作为基础的,尤其是矿产资源对经济发展是有重要支撑作用的,没有大量的矿产资源作为后盾,经济难以持续健康地快速发展。另一方面,当经济发展所需矿产资源出现短缺时,经济增长的速度、结构和方式会受到限制,表现出矿产资源对经济发展的制约作用。[9]矿产资源都是绝对稀缺性资源,在工业化过程中,成为基础能源资源和材料资源的根本性支撑。矿产开发既要探明各类矿产储量,又要规划开采方式、开采周期和开采量,象稀土、煤炭等极端稀缺资源还要有禁采性法规限制。发展全球合作开采和海底矿产开采应该是紧迫的重要工作。

新中国成立以来,中国矿业发展突飞猛进。中国已发现矿产173种,探明储量的矿种从十几种增至162种,矿产资源储量大幅增长,成为矿种齐全、矿产资源总量丰富的大国之一。煤炭、钢铁、十种有色金属、水泥、玻璃等主要矿产品产量跃居世界前列,成为世界最大矿产品生产国。[9]

2018 年,中国天然气、铜矿、镍矿、钨矿、锂矿、萤石、晶质石墨等重要矿产查明资源储量增长。全国新发现矿产地 153 处,其中大型 51 处,中型 57 处,小型 45 处。探明地质储量超过亿吨的油田 3 处、超过 3 000 亿立方米的天然气田 1 个。我国矿业开发发展是较快的,相对保护性措施仍然不足。

（4）海洋资源开发

海洋占地球表面 70.8%,海洋中有着丰富的资源。开发利用海洋资源是历史发展的必然趋势。目前,人类开发利用的海洋资源,主要有海运资源、海水资源、海洋能源资源、海洋生物资源、海底矿产资源和海岛礁资源等。

1）海洋航运是人类交通运输的大头,海运是全球贸易的主要载体。贸易与世界经济增长速度、人口增长等因素正相关。据联合国贸易发展促进会统计,按重量计算,海运贸易量占全球贸易总量的 90%;按商品价值计,则占贸易额的 70% 以上。2018 年全球海运货物贸易量约 120 亿吨,其中干散货占44%,石油占 27%,集装箱货占 16%,三大货类合计占 87%。这一数据充分体现了海航运在全球贸易中的不可替代作用。以中国与"一带一路"沿线国家贸易为例,海运在进口中占比 61%,在出口中占比 74%。海洋航运线路资源的拓展是海航发展的基础之一。海港码头、海上船舶、航海运河、海底隧道、海上桥梁、海上机场、海底管道等为海洋交通开发的工程重点,工程投入大,而且常常需要国际合作完成。

2）海水资源是地球最大水域水源,其可以直接作为工业冷却水源,也是取之不尽的可淡化水源。开发海洋淡水技术,是解决世界淡水不足的重要途径,我国的淡水技术已经取得可喜成果。海水中化学元素众多,除了食盐外,从海水提取化工资源是化工原料的可持续发展的重要领域。

3）海洋能源主要指在大陆架浅海海底埋藏着的丰富的石油、天然气等能源资源。随着探测开发技术和装备的发展进步,开发范围正在不断扩展。海水运动中也蕴藏着巨大的能量,开发利用它们的潮汐发电和波浪发电属于清洁新能源,但技术研究尚需要提高效率和效益。

4）海洋生物。海洋中有 20 多万种生物,其中动物 18 万种,包括 16 000多种鱼类。在远古时代,人类就已开始捕捞和采集海产品。海洋捕捞活动已从近海扩展到世界各个海域。由于人类无节制的捕捞,许多海洋鱼类包括淡水海水洄游鱼类面临灭绝。通过禁捕协议保护海洋生物,推广养殖等途径实现可持续海洋渔业成为主要方向。

5) 海底的矿产资源十分丰富,深海锰结核是一种富矿,成为海底资源开发的重点。但其开发的国际规则尚缺乏。

通过岛礁等围海造陆的开发是新兴的海洋开发方向,发展非常迅速。对整个海洋开发意义重大。海洋战略已经成为各国发展战略的重点部分,海域争议在世界各地区发生,说明了海洋资源的战略地位。

(5) 太空资源开发

地球资源的有限性已经制约了人类发展,人类开始有了寻求外太空资源的想法和行动。2015 年,美国通过了《商业太空发射竞争法案》,承认美国公民个人有权拥有任何自行从天体行星开采的资源。当你离开地球表面,哪些法律和准则适合外太空,这是个复杂的问题。围绕这一话题的法律和规则曾有过构思和制定。在 1970 年代,一些国家社会曾提出过使用"月球协议"。

"月球协议"的全称为《关于各国在月球和其他天体上活动的协定》,内容涉及和平利用月球,包括各国平等地自由探索和利用月球;月球及其自然资源均为人类共同继承财产,任何国家不得依据主权要求或通过利用、占领或其他任何方式据为己有;建立管理月球的国际制度等。1979 年 12 月 5 日联合国大会第八十九次全体会议通过了月球协议,并在 1984 年 7 月 11 日生效。不过,《月球协议》最终只有 11 个国家承认。

太空资源的开发和使用,需要新的规则。但是如何制定,谁来制定,何时制定,都尚是未确定的问题。

(6) 新能源开发

工业革命以来人类转向过度依赖稀缺的石油、煤炭和天然气为主的石化能源,在生产、生活中的能源资源主要都依赖这些能源,电力能源的获得也主要靠这些能源的转换。工业高速发展和消费过度,自然界出现了前所未有的危机,除这些能源储藏量迅速减少外,更严重的是使用后产生的二氧化碳气体作为温室效应气体排放到大气中后,人为地改变了大气品质,导致了全球变暖和气候异常。

所谓新能源就是针对这些石化能源而言的其他不至于影响环境的能源的开发。其实,在工业革命(又可以称为能源革命)以前,人类使用的能源就是现在所谓的新能源、清洁能源、绿色能源，只是那时这些能源的产率较低，使用方式落后。

现在开发的新能源有核能、风能、太阳能和生物质能等。新能源开发生产成本相对比石化能高，提供财政"补贴"是各国政府扶助新能源企业的主要手段。这种支持包括向新能源产品的生产者提供资助和税收减免，以及给产品的购买者提供消费补贴和退税等方面的刺激，鼓励更多民众和企业尝试新能源产品。这种自由机制下的措施，还是不能从根本上限制对稀缺资源的滥用和促进新能源的发展的，只有宏观强制性限制，才能从根本上扭转能源开发方向。新能源开发也有新的特点。

1) 核能开发主要涉及安全问题，除了生产过程的安全外，还有其废料处理的安全问题至今是没有彻底解决。

2) 风能是人类很早就利用的能源，帆船和风车在早期人类史上就广泛有使用。现代风能发电装备需要投入较大，其并网时与其他电能使用代价之差需要补贴。倒是有一类小型风力发电机，用来配备中小船舶使用，很值得推广开发和应用，在海域、江河湖泊的船和草原、沙漠的机动车、流动据点等配备是很有价值的，已经受到广泛欢迎。

3) 太阳能利用现在已经普及，主要是光转化电的方式和光转化热的方式。但利用方式和装置还应该开发新的途径。人类自古也直接在应用阳光能源，光直接转化为热，也有许多简单的太阳热水方式。太阳能装备资源最后的回收处理，尚缺少全面合理的开发方案，应引起重视。

4) 生物质能也是人类早就利用的能源，甚至曾经是主要能源。应用秸秆和柴禾作为燃料能源是自然经济的主要能源方式，至今在山区和偏远地区仍然在使用。将综合废弃植物发酵处理的沼气技术，也曾经在我国古代发明，在新中国后广为发展普及，成为新农村建设中能源系统构建的生态化措施。现在的垃圾焚烧发电则在垃圾缺少很好分类的条件下，尚有其排放安全等问题应该尽快开发解决。

5.1.2 农业资源开发

农业资源是人们从事农业生产或农业经济活动所要利用的资源。包括土地资源、水资源、气候资源和生物资源等和农业经济资源要素农业劳动力的数量和质量、农业技术装备等。农业相关的自然资源如土地和水资源前面已经单独分析，余下的是农业性生物资源的开发，主要是农林牧副渔各类种植、养殖资源的品种开发，以及农业生物生态圈的开发。

现代农产品种开发应该不以产量、产值作为唯一目标，而以安全，品质提高为重要目标。**应该将地面养殖、水域养殖和种植互相结合的生态组合的资源型生物圈作为示范性开发的重点。**本书在前面种源安全的伦理部分，已经分析了种源保护和新品种开发的安全性的要求，这应该贯彻到品种研究和开发的所有法规中去的。

农业资源开发离不开新农村建设和农村及农民的脱贫发展，应该全面综合规划考虑，把农村资源包括农村文化资源、交通资源、生态资源、旅游资源等开发和纯农业生产资源的开发结合起来。

农业的根本出路在于走集体化、机械化、现代化道路。农业生产装备和农业信息化的开发发展对现代农业发展有着基础支撑的作用。国家大力发展农村和农业信息化基础建设，为农业现代化提供重要条件。气象网、植保测控网、大田长势监测网、机械化服务网、农产品销售网等开发建设，使得农业生产快速进入现代化。这些现代技术系统和装备的开发使用，使得更多农产品进入订货计划生产模式，促进农业生产模式更快脱离小户承包，进入集体合作、规模经营模式。

5.1.3　物质产品开发

本书不分析一般企业为了市场盈利目标的新产品开发问题，而是从泛资源总体健康发展要求来分析物质产品的开发。泛资源的总体健康发展，也包括了人的总体的健康发展。这样来分析，我们必然与消费主义的产品开发是完全不同的，我们的产品资源的开发必须遵循四个原则。

（1）科学技术支撑得起。（技术可行性）

作为新产品必然包含新科技，而开发阶段的新产品都具有一定超前设想，这种技术方面的超前设想必须是到产品上市时候科技发展是能够达到普遍商品化生产程度的，具有可制造性和可使用可维护性的。而不是在技术上或者使用上尚存在难关需要克服的。产品资源开发首先应该把这方面的风险降到最低。

（2）广大人民使用得起。（市场可行性）

开发公共用品和消费品目标是满足广大人民的应用，不应该是少数人的奢侈品，所以必须考虑多数人都能用得起，考虑到同类产品资源的成本代价对比，考虑到区域居民收入和消费习惯。

（3）资源总体承担得起。（资源可行性）

产品总是资源转换而来，物质资源产品需要大量物质资源如材料、能源转换而来，这些物质资源往往是稀缺的，所以物质产品开发必须考虑对稀缺物质资源的耗费问题，凡是过度耗费绝对稀缺资源的产品要慎重开发。

（4）健康安全保护得起。（安全可行性）

物质消费品是为人服务的，安全性十分重要。同样重要的是对健康的影响，安全评估也是开发者要重点考虑的因素。不仅要考虑产品直接的安全和健康影响，还要考虑产品使用间接和长期的安全和健康影响问题。

在上述四条原则的基础上，具体物质产品资源的开发过程也是通过调研→需求分析→产品定义→原型设计→测试评价→改进定型等过程完成的。产品开发也成为产品生产的先导。

调研阶段并不仅是对市场和用户的需求调研，还应该包括对上述的资源可行、安全可行、技术可行等原则全面调研。调研应该充分利用专业机构的统计资源和传播资源，特别是行业相关的统计资源。注重利用人工智能大数据挖掘技术进行。

需求分析和产品定义应该是集企业各部门进行的考虑产品全功能、性能和全生命周期的分析。这样才能对产品资源应用的相关全部资源进行优化配置。产品定义的过程不仅是逐条实现用户需求的过程，更是从系统角度定义包括产品功能、性能，产品集成度的表达。

物质产品开发一般是不需要原型的。较大型的产品可以先制作原型，进行测试评价，甚至让用户来体验评价。尽快收集用户和市场反馈，尽快发现产品设计中可能的缺陷，进行改进。

产品开发按开发的新颖程度分为几类：

（1）全新型新产品开发战略

全新型新产品是指新颖程度最高的一类新产品，它是运用科学技术的新发明开发和生产出来的，具有新原理、新技术、新材质等特征的产品。选择和实施此战略，需要企业具有研发部门，投入大量资金，拥有雄厚的技术基础，开发实力强。同时花费的时间较长，并需要有一定的需求潜力，故企业承担的市场风险比较大。有调查表明，全新产品在整个新产品中只占 10% 左右。

（2）换代型新产品开发战略

换代型新产品使原有产品发生了质的变化。选择和实施换代型新产品开发战略，只须投入较少的资金，费时不太长，就能改造原有产品，使之成为换代新产品。产品具有新的功能，能满足顾客新的需要。但开发换代型产品要具有原产品的知识资源、工艺资源等条件。对已经具有品牌优势的产品，换代升级和开发系列产品是重要的战略方向。

（3）改进型新产品开发战略

所开发的新产品与原产品相比，只发生了部分量的变化，即渐进的变化，同样能满足顾客新的需求。这是代价最小、收获最快的一种新产品开发战略，但这类产品开发竞争者多而时间紧迫，必须在上市时间上占优才行。

物质产品开发中间知识产权资源和品牌资源往往起决定性作用，这就使得企业越来越重视研发的投入。而研发部门的发展运行是与其人才战略相关的，人才管理和使用又影响了研发周期和研发成果。这是资源间的一类复杂关系，是整个企业发展研究的一个重要课题。

5.1.4　信息资源开发

信息资源开发本身是个涉及广泛的领域。本书这里所指的信息资源开发只是指信息资源的信息源的获取和可用性的实现。也有称为狭义的信息资源开发，或信息资源本体的开发。本书这部分并不讨论所有信息资源开发中的相关的信息技术研究、信息系统建设、信息设备制造、信息机构建立、信息规则设定、信息环境维护、信息人员培训等活动，以及关于信息化和信息系统开发的评价问题。

由于信息资源与物质资源不同,有着与所有相关事件的客观存在性,即每件事物发生时,信息就同时产生并存在;又有着社会传播性,信息总是从信源不断向各方面扩散传播。所以,**信息资源开发的工作重点是建设开发有利信息资源传播的平台系统。**另外,在从普通数据到有用信息,再从有用信息到知识之间要通过相应技术实现,信息资源开发就包括了这些技术的研发。

(1)信息资源获取的领域

信息资源获取和集散领域是多元的,能否整合集成尚在演变之中。目前的主要领域和机构有:图书馆、档案馆、博物馆、情报部,标准局、统计局、规划局、知识资产局,传媒实体与部门,高校,研究机构等。

网络作为基础设施的支持提供者,Internet 接入提供者(ICP)和 Internet 服务提供者(ISP)也必然成为支持各类信息获取机构的支持者,或者自己开发成为信息资源的提供源。

图书馆、档案馆、博物馆和情报检索部类机构,主要是集成收集和管理利用印制品类和电子类信息资源的,其中博物馆还是实物类资源的重要集成机构。这类部门机构目前正在加快合作整合,建设集成一体化的新平台系统,扩大服务对象、服务范围。

标准局、统计局、规划局、知识资产局,是一类行政机构。这些机构实际以信息资源和知识资源为工作对象,虽然是从信息资源的不同使用层面和规范进行工作,但从信息资源开发角度出发,也存在集成统一操作和交互的需求。这些部门提供的不是一般的信息,而是规范的信息资源和知识资源,包括这类信息资源和知识资源的规范和测度信息。

传媒实体与部门是社会信息化下发展最迅速的领域。随着信息资源价值被高度地认识,所有大型经济实体都有自己的大型传媒机构实体。这些传媒实体以收集提供包括音像、图片、文字、文学等形式的社会和政府的各方面实时信息和评价信息资源为主,也形成大数据源。

各行业和各领域已经开发建设的信息资源系统也越来越多,以高校和研究机构及下属企业为最有代表性。清华大学同方公司的中国知网就集成了出版物和包括硕博论文等的学术论文的大数据实体。

（2）信息资源开发的大数据趋向

大数据的概念是一种规模大到在获取、存储、管理、分析方面远远超出传统数据库软件工具范围的数据集集合，是海量资源和技术构架的统称。大数据以海量数据为核心，泛指在以网络为基础，智能分析为手段，辅助决策为目标的资源、技术和应用的统称。

大数据有着重要的特征。第一，数据规模巨大，从现在的 TB/PB 级体量，很快进入 ZB 时代。（1TB＝1 024GB 念太字节，1PB＝1 024TB 念拍字节，1EB＝1 024PB 念亿字节，1ZB＝1 024EB 念泽字节）第二，数据类型多样，包括结构化数据和非结构化数据，文字、图形和音像数据。第三，数据处理速度加快，数据采集和处理时效性强。第四，数据质量要求高，处理技术要求高。

（3）信息资源开发的基本原则

这样一类的信息资源系统建设，首先必须要有稳定的大数据来源（源本性原则）；其次要有信息可用性功能的技术支撑（可操作原则），一般应该包括管理和应用的集成化系统平台、安全可靠高效的网络支撑、智能高效的多种媒体形式的搜索检索工具；最后这类系统还应该有多种接口以便外联其他信息资源、易于扩充和维护、可持续发展等（柔性原则）。

（4）信息资源的公益性与开发成本

信息资源的有用性依赖于其公用性。所以，大多数信息资源是属于公共信息资源，其使用对象的公共性使得信息资源具有不同程度的公益性。这种公益性也决定了信息资源开发主体应该有政府机构、社会组织、企业联盟等共同加入。

信息资源开发成本很大，其运行维护成本也不低。所以其开发成本的承担应该是多元化的，其投资主体也往往是政府机构、社会组织、企业联盟等共同组成。作为企业投入的信息资源开发成本其实都是有着丰厚的回报的，信息资源和知识资源对企业发展已经成为其核心竞争力的关键支撑，成为企业创新发展的强大动力。

（5）传媒信息资源与话语权

由于公众对信息资源获取途径越来越依赖于网络传媒，所以掌控传媒信息资源成为掌控话语权的重要手段。我国现行的传媒信息资源多数掌握在经济传媒集团手中,仅少数为政府掌握。民营与外资掌握的传媒信息资源主要是为其经济利益服务的,所以其话语的趋向性并不是以人民为中心的。按照中国特色文化建设的要求,必须建设和扩展国家掌控的,真正以人民为中心的话语传媒信息资源集群。比如象使用最广的 QQ、微信、语音频道、微博等自媒体平台,应该由国家统一掌握与控制管理。

(6)信息集成是系统集成的基础

资源的集成化趋势是资源运动的基本规则。物质资源、信息资源、社会资源的运动都是朝着集成有序方向发展的。产业和企业的系统集成也以信息集成为基础,向过程集成和企业集成发展。而信息集成又必须结合信息资源开发进行。所以信息资源开发中对集成化的考量应该得到普遍重视。

5.1.5　文化资源开发

《现代汉语词典》对"文化"一词做出了如下三种解释:"一是指人类在历史发展过程中所创造的物质财富和精神财富的总和,特指精神财富,如文学、艺术、教育、科学等。二是考古学用词,指同一历史时期的不依分布地点为转移的遗迹、遗物的综合体。三是指人们运用文字的能力及其一般的知识水平。"这三种含义不仅有领域的差异,也有层次的高低。而文化的概念范畴还有其他不同的阐述。本书则限定"文化是区域人群对世界共同的认知与表达积淀,文明是文化发展的精华成果。"本书认为,文化与财富是有区别的,就像资源与财富有区别一样。文化不是相对于政治和经济的,而是会包含到政治和经济中的内容。文化资源是人们从事文化活动相关的资源,广义上的文化资源泛指人们从事一切与文化活动有关的生产和生活内容的总称。也可以将文化资源定义为能够满足人类文化需求、为文化产业提供基础的自然资源、信息资源和社会资源。

文化资源既包括精神类资源,也包括物质类资源,常常称为物质文化资源和非物质文化资源。文化资源的丰富程度和质量高低直接对某地域范围的文化产业及经济的发展产生重要影响。

文化资源类别较多,有学科领域之分的教育资源、文学资源、艺术资源、历史资源、民族资源、宗教资源等；还有相应的行业如考古、旅游、文化会展、文学艺术出版、工艺与文物收藏、文化艺术交流与比赛等，这些行业的文化资源开发实际也就是这些行业的发展和开发。

与广义资源概念一样，"文化资源"作为一个独立的概念虽然已经得到普遍认可，但至今并未被国家法律、法规等正式文件所采用。《国家"十一五"时期文化发展规划纲要》《文化产业振兴规划》权威文件都没有提及"文化资源"的概念。在国家管理上使用的与文化资源相关的概念很多，包括"文物"（《中华人民共和国文物保护法》）、"国家级风景名胜区和历史文化名城"（《国家级风景名胜区和历史文化名城保护补助资金使用管理办法》）、"旅游资源"（《旅游资源保护暂行办法》）"民族民间文化"（文化部、财政部《关于实施中国民族民间文化保护工程的通知》）、"文化遗产"（《世界文化遗产保护管理办法》）、"非物质文化遗产"（《国务院关于加强文化遗产保护的通矢口》）等，这些概念实际都是属于文化资源的。

由于文化状态是人类智慧与才识的表征。因此，文化资源的特征充分显示出精神层面的特征。理解文化资源的特征有助于我们更好的按照文化规律从事文化资源的开发与维护工作。文化资源具有以下特点：

（1）无形性

文化精神和气质是以不可见的形式存在于人们的思想当中，意识之内的。例如孔子文化，我们所能体验到的思想是从他的论述和论著的解读中，以及人们不断意会言传当中把握其内核。它时刻以无形的姿态存在于孔子文化圈子当中。这也告诉我们，在从事文化资源开发时，应该特别注重精神品质的提升和丰富，才能够深刻把握文化资源的丰富价值和意义。

（2）差异性

文化资源由于产生的背景和条件等不相同，导致不同地域的文化资源大不一样。这也是文化资源得以交流和共享的前提。差异产生互动，在差异互动中形成互补增强。这对于我们进行当代文化融合和改革开放提供了有力支撑。

（3）境适性

所谓境适性，是指文化资源的生命力要在一定的情景或者适当的环境资源条件支撑下才会发生。文化是民族的文化，是大众的文化。民族的大众的文化对文化的传承和交流提供了丰富的适应情景，也因之不断注入新的力量源泉。马克思主义文化之所以成为我们新中国的主导文化，其著作和人群成为重要的文化资源，就在于他的精髓充分体现出民族的大众的特质，从而可以不断进行更新和补充，也找到了适合地球智慧人群可以传承和发展的根基。

在本书前面资源评价一章并没有展开文化资源的评价，而文化资源开发必然涉及文化资源的评价。文化资源往往表现出可度量性和不可度量性。可度量的文化资源有其鲜明的价值量化形式，比如历史文物、古建筑、工艺品等；不可度量的文化资源则鲜有明确的经济价值标尺，如民俗、文学、戏曲等。有鉴于此，客观评价文化资源的价值，需要建立一个兼顾可度量和不可度量性的评价基准。对文化资源开发进行评估应该遵循以下几个原则。

(1) 客观性原则

对文化资源进行价值评估，要避免根据主观偏好进行臆测，杜绝片面性与局限性，要运用科学方法，结合文化产业历史发展的主流价值方向，从接近现实的角度来测度文化资源价值，才能反映出文化资源的真实价值。

(2) 地方性原则

一定的地方语境下发展文化产业的问题，即文化资源评估问题，包含着寻找地方文化资源独特性与比较优势的倾向性。文化资源评估的一个重要任务就是考察当地文化脉络中的主流成分的传承能力。因此，在进行价值评价时，应注意体现对核心价值资源的探测与价值的深入挖掘，还应当注意地方文化传承的重要使命。文化资源的传承能力主要与其综合规模、竞争力、成熟度以及相关环境有关，良好的传承能力保证了文化资源的生命力、发展空间和发展潜力。

(3) 定性与定量相结合的原则

因为文化资源评价具有多目标性、综合性、不确定性和复杂性等特点，可以参考系统工程方法中解决多目标系统评价或决策问题时常采用的权重设计方法，利用"多层次权重解析法（AHP）"做到定量与定性相结合，在对复杂决策问题的本质、影响因素及其内在关系等进行深入分析的基础上，利用较少的定量信息使决策的思维过程数学化,简捷地解决了多目标、多准则的决策问题。

（4）全面整体原则

文化资源有其原生与共的文化生态环境,文化资源的产业开发也应当考虑到与其文化生态相呼应。因此,评估文化资源价值并不是对资源个体进行简单打分,应当以整体性的视角,看到资源风貌与文化环境以及社会文化活动之间不可分割的关系,从文化、经济、社会的多维一体的角度,给出文化资源准确价值评判。如生活民俗方面就包括:民间服饰、民间饮食、民间建筑、民间交通等。社会民俗就包括:民间节庆、民间信仰、生产方式、故事传说、民间美术、民间音乐、民间手工艺、民间游戏等。应该进行整体综合考虑。

目前对于文化资源的开发,较为集中在文旅、传统工艺及传统文艺等开发利用之上,集中于文化资源的价值利用、价值变现上。而这些文化资源更多地属于稀缺资源,其开发应该是保护为重,传承为辅。文化资源的开发重点应该转移到教育领域和文化交流领域。

5.2　资源变换与社会生产

生产和生活是人类两大活动领域。社会生产活动涉及范围广,可以从政治、经济、文化、生态等多方面视角进行分析,本书主要就从资源的视角分析生产。**从资源角度看,社会生产过程本质上是一些输入资源在劳动力资源作用下,输入资源变换为产品资源的运动过程。之所以用变换一词,是这些资源有的是形态性状变换进入了产品,而有的是被消耗了量值,其价值变换进入了产品。**

现代汉语词典对生产的解释为:人们使用工具来创造各种生产资料和生活资料的活动和过程。还有地方称呼人的生育子女为生产。西文中生产的解释是提供产品的活动和过程。

从资源的角度来看,各种生产资料和生活资料都只是"产品",这些产成品不是凭空"创造"出来的,是通过人类劳动作用于生产系统的输入资源,所获得的输出资源。所以,生产的本质是资源的一种"变换过程",是把一些原材料、能源、信息、环境等资源通过人力资源的劳动变换成产成品。广义的生产把服务也作为产成品。不同类别的生产过程,其中所用到的资源类别以及资源在生产过程中变换的情况是不同的。本书就分别从农业生产、制造业生产、信息知识和文化服务等生产的资源变换来进行分析。

从生产系统角度出发,生产是指一切社会组织将输入资源转换为输出产品资源的过程。也即生产要素输入到生产系统内,经过生产与作业过程,转换为有形的或无形的输出产品。

生产与作业管理是对生产与作业管理系统进行计划、组织和控制等活动,使之更加有效的运转。生产系统的目标可以概括为:高效、低耗、灵活、清洁、准时地生产合格产品和提供满意服务。在制造业中,有些指标是用来衡量生产与运作管理系统的优劣的,即时间(T)、质量(Q)、成本(C)、服务(S)、柔性(F)和环境(E)。[5]

生产可以划分为不同的类型。

(1)按生产计划的来源划分

可分为订货型生产和存货型生产。订货型生产是根据用户的具体订单要求开始组织生产,多数大型制造产品和出口产品都是订货生产的,如船舶、飞机、机床、出口服装、武器等。存货型生产是在对市场需求量进行预测的基础上,有计划地安排生产。存货型生产的产品一般为标准产品、定型的消费产品和不耐储藏的农副产品,如家电、蔬菜、食品、药品等。随着流通域销售环节的集成,大宗消费品和农副产品也出现了被认购式订货,或者是协议式定向配供的生产方式。

随着信息化普及,个性化定期型生产成为一类发展方向,特别是多品种单件和小批量定制的要求越来越多。

(2)按产品批量特点划分

可以分为大量生产、成批生产和单件生产。根据批量大小,成批生产类型又可以分为大批、中批和小批生产。由于大批和大量生产特点相近,所以习惯上合称为大批量生产;单件和小批生产特点相近,习惯上合称为单件小批生产。

(3)按最终产品成型特点划分

可分为过程式生产和离散式生产。过程生产的产品是原料在生产流程中输入,经过各个转换过程最终直接输出成品。生产设备都是固定的、标准化的,工序之间没有在制品的储存,比如日用化工品、塑料制品、冶金、发酵工业等。离散生产最终产品是在生产线上由各部件组合组装而成的,例如飞机、汽车、手机、电视等。

马克思指出了人类生产的创造财富的性质,社会主义和共产主义要最终实现社会集体财富的一切源泉的充分涌流,达到整个社会及所有人共同富裕的目的。在马克思的著作中,价值与财富是两个既互相联系又有区别的概念,**价值是由抽象劳动形成的,而财富是由使用价值构成的。**人类社会的生存与发展,依赖于资源,也是依存于财富的生产。社会越发展,劳动生产率越提高,社会财富越增进;而社会财富越增进,人类社会也越发展,二者相互依赖、相互促进。

在商品经济条件下,使用价值作为物质财富,是价值的物质承担者。**价值是历史范畴,而使用价值则与人类共存,是非历史范畴。由使用价值构成的财富,是以产品的形式直接存在的。**而价值则不然,在商品经济中,价值只能通过交换价值或其发展形式→价格来表现自己的存在。人们重视价值,归根到底并不在于价值自身,而在于作为价值表现物的相应的财富,即使用价值。作为财富的使用价值,在商品经济中,它是商品价值的载体。在自然经济和未来的产品交换经济中,价值将不存在,但财富依然存在。只要人类社会存在,就需要有用以满足人类生存需要的衣食住行等方面的物质财富和文化需求的精神财富。

生产过程,不但是物质资源的生产过程,而且是生产关系的生产和再生产过程。人们在进行物质资源生产时,不仅要与自然界发生关系,而且人们之间也必然要以一定的方式结成相互的生产关系。从泛资源角度分析,生产过程不仅变换了自然物质资源,而且也变换着信息资源和社会资源。

5.2.1 产业分类与第一产业的生产

(1) 三个产业的划分

国际上一直把生产分为三个产业。把**第一产业定为以利用自然力为主,生产不必经过深度加工就可消费的产品或工业原料的部门。第二产业又称为**

建造、制造业,第三产业主要是服务业。这种划分其实就是根据资源在整个产业中变换的类别而来的。第一产业主要是直接从自然资源出发的,是生产基础资源的生产,当然是农业和矿物资源、能源资源的生产。第二产业应该是工业的核心,主要为基础设施资源、工具设备资源、消费品资源的生产。第二产业提供物质资源产品或是融合有信息资源的物质资源产品。第三产业服务的领域范围是随着社会发展不断延伸发展的,不仅涉及生产各环节的服务,还涉及社会的流通、交换、保障、安全、咨询、文体活动、商务活动、教育培训等展开的。第三产业提供的产品以信息资源和服务资源产品为主。

进入新世纪后,我国国民经济又将三个产业的划分进行调整,把第一产业只限定在农业,而所有的工矿交通和建造业都归入第二产业。这种划分可能只是考虑经济统计和投资计划管理的要求,其实与资源变换规律并不相符。

(2)三个产业的关系

第一产业是国民经济的基础,是国民经济发展的首要问题。只有第一产业发展了,才能为第二、三产业提供重要原材料和广阔的市场。世界上经济发达的国家,都拥有发达的农业。第三产业对第一、二产业的发展具有促进作用。第三产业的加快发展是生产力提高和社会进步的必然结果,也是经济现代化的必要特征。大力发展第三产业有利于促进工农业生产的社会化、专业化水平的提高,有利于优化生产结构,促进市场繁荣,缓解就业压力,从而促进整个经济持续、快速健康地发展。

正确处理好三大产业的关系,既有利于经济的协调发展,也有利于社会的稳定。大力发展第三产业并不是说要等第一、二产业发展起来以后再发展第三产业,更不是通过削弱第一、二产业来发展第三产业,而应从相互联系、相互促进的关系中来认识发展第三产业的重要性。

(3)第一产业的生产

第一产业的生产所包含的矿业原材料的生产,是绝对稀缺资源的开采使用的生产,本书在资源开发部分已经分析较多,就是说这部分生产的关键问题是在其开发阶段,是全面合理地规划和考虑生态安全的保护性开发问题。

下面我们主要从资源变换角度分析农业生产。农业生产涉及农林牧副渔等各业的生产,都是属于可再生资源的生产,但也依赖于自然资源和需要消耗一定的其他资源。在农业生产中最主要转换入产品的是人力资源,是人的劳动力。

从农业生产技术看,关键技术被概括为八字宪法"土、肥、水、种、密、保、管、工"。

土——土地和土壤。前面分析过,这两者都是稀缺资源。全球人口不断增长,而耕地有限,可耕地的土壤质量高低不一,不同土壤有不同的农业使用适应性,有适合生产林果的,有适合生产谷物的,也有适合种植牧草的。

肥——土地的肥力需要养和改,尽管有的土地有厚厚的黑土层,可以提供足够的肥力,但不进行合理施肥,完全排斥了绿肥种植和轮种、休种,土壤肥力终将耗尽。所谓合理施肥,就是必须将各种肥料都配合使用,根据作物需要使用,氮、磷、钾肥都应该合理使用。比如说咱们近二十年来,化肥特别是氮肥施用量特别大,而且是偏施没有和其他肥料配合起来,所以说土地损害挺严重的,土地损害以后钙和镁流失了,慢慢就丧失了生产力,这样的话在该地种其它就不长庄稼了,这个不行,而且还会造成污染。不可完全排斥传统农家肥,光用化肥,那样即使解决一时肥源需求,也会毁坏土壤结构,最终无法正常种植。其实简单地积肥造肥运动,把城市和农村垃圾肥的充分利用的传统做法,必须从资源循环和资源节约、资源生态的角度加以重视。

水——水资源的重要和保护前面已经充分分析,对农业而言,水是关键支撑资源,灌溉用水缺乏就不可能振兴农业生产。由于降雨不匀,兴修水利和合理用水是农业生产的大局。自古以来的人类文明的发达地区,几乎都与合理的水利工程相关。采用滴灌等合理灌溉工程,可以大大提高了用水效率。

种——育种技术已经成为农业科研的核心技术。培育和推广优良品种,从根本上提高作物的资源利用效率和抗逆性,提高品质。育种是充分利用了知识资源、技术资源,高效提升农业产品资源品质和生产效率的正确道路。人类经济实力的竞争已经集中到知识和技术创新的竞争之上,而生命生物技术、其中的育种技术是竞争的焦点之一。

密——是指合理密植,提高单位面积产品产量。

保——是指植物保护、防治病虫害。在气候异常环境下,某些病虫害会肆虐发作,一旦失控,农业生产遭受毁灭性打击。而对病虫害应该是重在防,利用现代的全球监测植保网络进行预报,及早做好防范。

管——是指田间管理。我国农业发展历史久远,作物的田间精心管理是我国农业的优良传统。但这些年只种不管的落后习惯在一些地区重新蔓延，造成新的贫困。推广现代网络通讯，远程全天候监测系统进行管理需要新技术新装备资源的应用，是实现农业现代化的方向。而管理作业的实现，最终还是需要人力资源介入，农业必须保持有可持续的健康劳动力资源。

工——是指工具、农业装备、机械化。"农业的根本出路在于集体化和农业生产机械化"。只有这样，才能够进一步提高工作质量和生产效率。而机械化作业必须有大块平整土地等条件。

"八字宪法"中的技术也是互相联系，相应发展的。这些技术不仅对相应装备资源的需求越来越大，对现代信息资源与知识资源的依赖越来越明显。所以，第二、三产业反哺农业是必然的方向。

农村劳动力资源是农业生产的核心要素资源，特别是现代知识型劳动资源对农业更为急需。所以农业生产离不开农村建设，离不开农村劳动力资源的可持续发展。

农业生产方式在社会信息化、智慧化发展的形势下，也正在产生革命性改变。各类现代农业示范生产方式都采用大棚方式，利用现代水肥控制装备对作物生长进行精准控制，培育了高品质的产品资源。但农作物的基本技术依然是八字宪法，大片农田的耕作仍然要在常规自然条件下进行，自然状态下的农业生产方式还将长期存在。

5.2.2　物质产品的生产

（1）制造与生产

制造与生产的概念在我国和西方有很大不同。西方的"制造"指对各种各样的原材料进行加工处理，生产出为用户所需要的最终产品。它们可以是飞机、汽车、计算机、电子仪器，也可以是成衣、制鞋、食品，这些行业都可以归属于"制造业"。[7]而其所涉及的活动范围则是从产品设想、设计、原材料采购、订单处理、工艺设计，经过整个生产活动的计划、调度和加工、装配活动本身，直到销售、发货和售后服务，还包括仓库管理、财务管理、人事管理等等，一句话，复盖一个企业的全部活动。所以在美国认为制造的概念大于生产的概念。

在我国的概念中，生产是经济活动中最重要的环节，它提供产品资源进入流通、交换、消费,直至再生产。制造是生产过程中产品成型的环节,主要是指加工过程。制造主要用于物质产品加工类生产。我国所指制造业重点是机械类重工业,过程制造如化工、轻纺、食品等往往另有分类。随着经济全球化进程,我国对制造业的规范也正在与世界接轨。

（2）资源变换与资源能力

物品生产中产品资源的数量和质量都是由输入资源变换而来。所以其总产能是与输入资源变换的能力有关,一些制造企业的研究就自然会重点研究企业资源的能力。物品企业的装备资源,不管是单台设备还是生产线,都有其设计的产能产率指标。这些装备资源通过其运行能力把自己的资源价值变换进产品资源,同时装备运行的能源资源被消耗也变换成产品资源价值之中,操作运行的人力资源也是被消耗,其价值变换成产品资源的价值之中。所以,装备资源、人力资源、能源资源的资源能力都与具体生产中能达到的产品资源的产率相关,其相关性一般也不是单因变关系,而是复合协同的因变关系。在设备和生产线输入的原材料、部件、辅料等输入资源,其资源能力与所变换产品资源的比率有关。

（3）材料资源变换

物品制造业生产所需材料来自多方面。有来自农产品资源的粮油糖、棉丝麻、木材、橡胶、水果,药材等,还有养殖业的猪牛羊、鱼虾贝等。这些材料资源经过食品、轻纺、医药等生产过程变换成相应产品资源。这中间有的是初步加工型的变换不大,更多是精加工型的变换很大。这些材料资源都是这类产品资源的主要原料,是产品出率的主要提供者,在变换中减少损耗是这类材料资源变换的基本要求。

对机械、电子、家电、日用化工等生产行业,其材料主要是金属、电子器件、化工原料、塑料等原料资源。这些材料资源在整个生产过程和生产线上的变换较大较多,其变换的程度与变换的效率主要与设计和工艺密切相关,其次才与操作运行相关。

（4）能源资源变换

企业物品生产所用能源基本是两种形态:电能和热能。电能以电网提供的电能为主,热能主要有集中热站提供的热能和企业自己锅炉热能两种方式。锅炉热能有能源转换问题,是燃油气还是燃煤等问题。热、电联产的方式是热电提供企业常采用的模式。这里暂不分析能源转换问题。

(5)人力资源变换

在物品生产过程中人起主导作用,人力资源的变换只是指在生产中各环节所需人力资源的投入,各岗位所需人力劳动的耗费,这种耗费体现为时间上和能力上的耗费。

在当代条件下,创新过程是融技术创新、组织创新和社会革新于一体的,成为一种多侧面过程。在上述各种创新进程中形成了发展和使用劳动力资源的新模式。新模式的基础是:面向与生产系统一体化的高级熟练劳动力;吸收知识和提高熟练程度过程的持续不断性;劳动力和劳动组织的灵活性。

1998年,由美国制造业挑战展望委员会,制造与工程设计委员会,工程与技术系统委员会以及国家研究理事会联合发表了"2020年制造业的挑战"的报告。提出了2020制造业的六大挑战。其中第二条挑战提出"企业能快速地教会工人新的技能而具有竞争优势。促进在线连续学习的技术的发展是基本的问题。这些技术将能对将要发生的事件序列所类似的事件作出快速仿真,并使人们可以申请和应用这些仿真结果。制造中心将在网络上运行,这些网络很可能包含了世界上其他的制造中心。这个网络会影响到世界上其他的供应商、合作伙伴和客户。高度熟练的、知识化的工人将能在企业内有效地通信,并直接在工人和客户之间通信。这是基于他们对组织的明确的理解。这些工人也是最能回答客户关于产品面貌、运送问题和价格的人。""人和技术资源集成的核心能力是把信息转换为有用知识的能力。信息技术增强了对信息的综合,提供了对过程信息资源的多视角、交互解释、并指导在所要用的视图中进行选择。"

(6)知识资源变换

创新发展已经成为社会经济发展的主要模式。工业设计领域是产品创新的核心领域。工业设计是以工业产品为主要对象,综合运用科技成果和社会、经济、文化、美学等知识,对产品的功能、结构、形态及包装等进行整合优化的集成创新活动。作为面向工业生产的现代服务业,工业设计产业以功能设计、结构设计、形态及包装设计等为主要内容。与传统产业相比,工业设计产业具有知识技术密集、物质资源消耗少、成长潜力大、综合效益好等特征。作为典型的集成创新形式,与技术创新相比,工业设计具有投入小、周期短、回报高、风险小等优势。作为制造业价值链中很具增值潜力的重要环节,工业设计对于提升产品附加值、增强企业核心竞争力、促进产业结构升级等方面具有重要作用。生产过程是指从投料开始,经过一系列的加工,直至成品生产出来的全部过程。这样,工业设计业主要成为物品资源生产的知识投入生产期而存在发展。也成为物质产品资源设计阶段可以外包的承担行业。

总之,物质产品的生产过程,其早期设计阶段主要是知识资源变换过程,其概念型产品是大量知识资源投入变换而成的。其后期的制造成品过程,主要是物质、人力和信息资源的投入变换过程,其产量和产率决定于装备、人力和物料资源的能力。

5.2.3　信息产品的生产

人与自然的关系是通过劳动建立起来的。世界分为两个层次:一是物质层次,即物质世界;一是信息层次,即信息世界。那么相应地劳动也可以分为两个层次,一是以物质世界为对象的劳动,一是以信息世界为对象的劳动。我们提出劳动的两个层次是面对人类社会发展而言的。尽管两个层次紧密相连,但是其分化的趋势已日趋明显,人类正经历着一次新的社会分工。所谓信息社会就是这种分工的表征。**信息交流对人类来说越来越重要,这种现象促进了信息生产与应用的发展,各类信息系统和信息产品沟通了各领域各不同行业之间的联系,极大地提高了社会生产的效益,减少了社会生产的盲目性,改善了人与自然的关系。信息交流活动的发展导致新的社会分工。迎来旧学科的分化,新学科的产生。**

对于信息产品与信息产品生产,图书情报学科、新闻传媒学科、计算机软件与网络学科、文化教育学科、经济统计和标准学科等都有根据自身视角的特点描述,本书是从资源视角分析信息产品的生产。

(1) 信息产品与信息产业

信息产品是以满足人们的信息需求为主的产品。人们的需求可分为物质需求和精神需求两大类。信息需求是包含在物质需求和精神需求之中的,是人们在工作、生产和生活中对信息、知识和情报等的需求。而信息产品既可以用来直接满足人们的精神需要,也可以用于物质产品的生产和信息产品的生产中,从而生产出质量更高、性能更好的物质产品和信息产品,改善人们的物质生活和丰富人们的精神生活。

现代社会对信息资源的需求越来越宽泛旺盛。**信息产品是以提供高含量高效率的信息形态成果的一类产品。**这种信息形态成果可以是仅以信息类媒介为载体的,也可以是以一定物质介质为载体提供的。从广义讲,信息产品包括规范标准类产品、新闻传媒类产品、文化教育类产品、咨询检索类产品、宣传广告类产品、软件类产品等。**信息产品凝结着人类信息劳动的成果。**

信息作为产品是由信息内容及信息载体两部分构成。信息内容与信息载体是信息产品不可分割的两个方面。没有载体,也就不存在信息,更谈不上信息产品了;没有信息,载体的独立存在只能称为物质产品,而不是信息产品。

按照信息产品是否固化在物质载体上,可将其分为有形信息产品和无形信息产品两大类。有形信息产品是指必须依附于物质载体存在的信息产品,也可称之为信息物品。有形信息产品又可分为两类:第一类有形信息产品是其内容不随物质载体形态的转换而改变的信息产品,如科技信息产品,经济信息产品等都不会因其物质载体的改变而发生变化;第二类有形信息产品是因物质载体形态的转换而改变其内容的信息产品,如工艺、美术类信息产品。

无形信息产品是指无固定物质载体的信息产品。这类信息产品可以以人脑为贮存载体,或者以声波、电磁波、数字化形式存在的一种特殊的信息产品,其特点是不易积累和保存。在课堂教学、广播电视服务、口头咨询服务中,用户得到的是无形的信息。

什么是信息产业?**信息产业除了生产信息产品的行业外,还包括信息装备制造业、信息服务业、信息基础设施提供业等。**一般认为信息产业具有高投入、高风险和高回报的特点,还有分析认为信息产业本质特点有:高更新速度、高智慧资本贡献率、高行业渗透率、高效益倍增率和高增长率等。信息产业在社会生产领域所占比例越来越大,对国民经济发展的贡献也越来越大。

(2)信息产品的生产要素

信息产品的生产要素是信息劳动、信息技术和信息载体。信息技术包括感测技术、存储技术、通信技术、计算机技术、智能技术等众多现代技术；信息载体主要是传统的纸质载体和现代的电、光、声、磁、网络载体。

1）**信息产品本质特征在于它是信息劳动的结晶。**这一本质属性包含着两个方面的内容。一方面，信息产品首先必须是劳动的产物，没有经过劳动加工，其中没有凝结人类劳动的信息资源不看作信息产品，自然界的动植物和其它自然现象所发出的信息和人类社会中产生的未被感测收集的信息都不是信息产品。另一方面，信息产品还需是以信息劳动为主而形成的产品。信息劳动是一种智力劳动，而智力劳动是对智力要求较高的劳动，信息劳动是由知识进步所引起的、为满足人类发展需要的一种智力集约化劳动。从一般意义上说，信息劳动与信息活动有关，但并非所有的智力劳动都是信息劳动。

2）信息技术是发展最快最广的现代科学技术。它不仅促进了信息产业本身的发展，而且对物质产品生产、社会事业发展乃至于整个社会的信息化、现代化进程的发展，都是最基本的技术支撑。所以，信息技术作为整个现代化进程的基本技术要素，被所有国家、企业而重视，其发展的成果不断涌现，必须紧密跟踪该要素的发展，尽量采用最新成果。

3）信息载体是现代材料和设施行业所生产，也是相应信息产业在信息技术和制造技术发展下的产物。也是当前科技竞争发展的前沿领域。比如高端集成电路和磁、光、电一体化载体技术，更新发展的速度往往超乎预想。

（3）信息产品的生产过程特点

信息产品是对信息不断加工得到高信息含量的产品。**信息产品的生产主要是对信息进行不同程度的加工和处理。**有一种分类是按照生产者对信息产品中信息内容的加工深度不同可分为零次信息产品、一次信息产品、二次信息产品和三次信息产品。零次信息产品是指直接搜集而未经加工的信息产品，如传媒信息、各类报送的信息；一次信息产品是经过对原始信息分析研究而得到的信息产品，具有知识含量如统计结果、教材、论文、专著等；二次信息产品是对一次信息产品进行集成、编排而形成的汇总类信息产品，如检索工具、书目、文摘、索引、专用平台等；三次信息产品是在利用二次信息产品的基础上，对一、二次信息产品进行集成加工而成的信息产品，如标准、法规、综述等。

现代信息产品的生产方式有从集成化收集信息、智能化分析分类信息、网络化传播发布信息、规模化储存信息和平台化服务提供信息产品的各环节生

产方式。其各环节都有相应信息产品输出，都可以直接使用。信息产品一般都是海量用户，所以生产方式中的复制性、规模性和共享性特征明显。根据最终产品形态，可能是物质型信息产品，如报刊、书籍、音像制品等。也可能是数字化电子信息形态产品，如电子文档、电子表格、数据库、数据仓库等。还可能是网络平台形态的信息产品。

信息产品生产过程是技术密集和知识密集型的，是基于集成化环境，特别是基于物理环境进行的。是团队协作生产为主的。所以，信息产品生产过程的管理常常是项目开发型的管理。

（4）数字化、网络化信息产品与数字经济

数字产品和网络产品是属于信息产品范畴的，它们是信息产品新的发展形式。

1）数字产品

数字产品就是信息内容是基于数字格式的产品。

数字产品包括有：表达一定内容的数字产品即内容性数字产品；代表某种契约的交换工具型数字产品；数字过程及服务，即任何可被数字化的交互行为。

数字产品的物理特征有不易破坏性、可改变性、可复制性三个方面。

① 不易损耗破坏性：是指数字产品的存在依托于一定的物质载体，但是物质是可损坏的，而数字产品本身不是易被破坏的，只要数字产品能被正确地使用和存储，那么，无论你反复使用多少次，数字产品的质量都不会下降，它是没有耐用与不耐用之分的；

② 可改变性是指数字产品的内容是可以改变的，它们很容易被定制或随时被修改。数字产品一旦在网上被下载，就很难在用户级上控制内容的完整性，尽管有些办法可以验证数字产品是否被改过，如加密技术和数字签名，但其可控程度和范围都非常小；

③ 可复制性，其实大量的信息产品都有可复制性，但是这里是特指复制的边际成本几乎为 0 的可复制性，这种特性一方面给数字产品生产者带来了丰厚的利润，另一方面数字产品的可复制性又为数字产品的盗版活动提供了边际生产成本低廉的制造基础，从而给数字产品生产者带来了巨大的经济

损失。

　　数字产品的经济特性除了具有信息商品的特性外呢,还表现为易被定制化和个性化,数字产品中包含了大量的信息,相同的信息可以用不同的外在形式来表现,如用不同的字体、背景颜色和图片等来表达相同的信息,这主要源于数字产品的可改变性,因为数字产品易被改变,那么生产商就可以参考消费者的需要,提供其个性化的产品或服务。

　　2) 网络产品

　　网络产品是以网络为载体的信息产品,这些产品都可以用专门网站提供的搜索引擎来查找,继而消费。网络信息产品还有很有利的特性:

　　① 即时性,网络信息产品的购买者可以在生产者刚在网上开始销售该产品的同一时刻及时得到它;

　　② 低成本性,由于网上下载或订阅信息产品,供应方无须专门的交易场所,无需向消费者提供信息产品的载体(如磁带、光盘等),因此销售成本将更低。另外,由于网上销售的市场是覆盖全球的,因此它将激发更多的潜在群体的购买欲望。

　　③易被知性,网络信息产品除通过各种广告和其他媒体的宣传外,一旦它与搜索引擎连接,真正需要它的人会很快通过关键词的检索而得到,这比在传统市场中像大海捞针一样去搜寻,效率提高不知多少倍。

　　④ 充分共享性,信息生产商将加工的信息产品存储在数据库中,可以供成千上万的浏览者在同一时间调用,这种由全球大量用户同时享用同一产品的情形只可能在互联网上才能进行。

　　⑤ 可追溯性,网络信息产品如报纸、杂志等除了销售最新的以外,用户还可以购买以往发行过了任何一期,这也是传统媒介中难以做到的。

　　传统的媒介的信息产品,如书籍、画册、音视频等,都在被移植至网络信息产品,这种低成本的移植带来知识产权等新问题。

　　信息产品生产由于其需求越来越大而发展迅速,但新闻传媒类和经济信息类等信息产品具有强时效性,对生产提供的时间要求很高,失效很快;而经过高级处理过程获得的知识型信息产品,如科技资料、标准规范、发明专利等往往具有长效性,具有保存价值。

　　3) 数字经济

　　"数字经济"指以使用数字化的知识和信息作为关键生产要素、以现代信息网络作为重要载体、以信息通信技术的有效使用作为效率提升和经济结构优化的重要推动力的一系列经济活动。也就是生产和消费数字产品、网络产品、和依托于这些产品的经济被统称为数字经济。"平台经济"指以数字平台为核心,借助发达的数据采集、传输、运算、处理能力和算法,集成信息和优化组织社会生产与再生产过程的经济。"零工经济"主要指由网络中介协调众多独立劳动者自主提供计件工作。"共享经济"主要指出租闲置资源和劳动时间的社会经济活动。这些新概念中,"数字经济"关注数字化的经济活动,"平台经济"关注生产组织方式,"零工经济"关注就业方式,"共享经济"关注生活资料和服务。数字经济的发展使日常消费方式发生了颠覆性变化,改变了很多物质文化消费领域的生态,极大地提升了消费的便捷化、多样化、个性化体验,优化了消费背后的物流、仓储等环节,节省了流通成本和中介成本,加速了流通过程。消费过程被提升到前所未有的现代化水平,一些相关的消费领域增长速度也远远超出了整体 GDP 的增长速度,成为各国数字垄断资本竞相争夺的前沿高地。

数字经济给消费者带来巨大便利的同时,也要求消费者让渡自身隐私信息的读取权限,从而产生巨大的数据安全隐患。消费者的偏好数据可能被用来进行精准广告和诱导消费,导致非理性消费和过度消费;消费者的特征数据也有可能被用来进行甄别歧视,如价格歧视甚至准入歧视(如对暴露出某些个人信息特征的人群拒绝进入商业医保,拒绝网络面试机会等);消费者的隐私数据甚至可能被用来进行财富窃取和人身攻击,"流量即正义"的逻辑可能会加剧网络暴力。二是信息质量风险,数字资本的垄断在带来廉价海量信息的同时,信息的质量和区分度并没有同步上升,至少对非 VIP 用户来说是如此,如搜索引擎内含的排名机制是公正客观还是受到资本遥控,也与数字资本的盈利模式产生巨大冲突。三是信息污染干扰风险,大量未成年人、成年人甚至老年人本可利用丰富的数字资源提升自我,却可能过度依赖并沉迷无休无止的网络娱乐而无法自拔。能否正确利用网络信息资源发展提升自我并减轻不良干扰,已经成为数字资本时代影响阶层流动的重要因素,也将成为影响一国人才储备和科技水平的重要因素。为此,法国国会在 2018 年 7 月底通过法案禁止中小学生带手机进学校。[25]

5.2.4　知识的生产

(1) 知识产品

知识产品是凝聚了知识内容的信息类产品。其知识内容必须具有新发现、新理论、新发明、新技术、新规范等创新性。从信息经过高级处理挖掘得到的知识型的信息产品实际已经是一类知识产品了。但知识产品并不是都只是从信息处理过程获得的。

常见知识产品有论文专著类、发明专利类、标准规范类和创新设计类等。

(2) 知识生产的特点

知识生产是指人类在生存和发展的活动过程中对客观世界有所新的认知，发现客观世界的规律、总结提出新的思想、观点，发明新的技术、装备，创造各种新方法、新工艺、新作品的过程。

上世纪八十年代，美国未来学家阿尔温·托夫勒就指出："一枚信息炸弹正在我们中间爆炸，急剧改变我们每个人内心据以感觉和行动的方式，以信息为载体的知识将成为资源和运输的替代品。即物质生产与知识生产相结合，硬件制造与软件制造相结合，传统经济与信息网络技术相结合，将形成推动二十一世纪经济和社会发展的强大动力。"

知识生产与物质生产相同的地方，都是为了认识自然、改造自然，都是人类分工合作的社会活动，而且是在一定的社会关系中进行的生产活动，都要借助于一定的资源支持。知识生产也遵循生产过程的自然规律和社会规律。知识生产是比物质生产更高层次的生产力。它具有继承性、探索性、创造性、信息性和累积性的特征。

(3) 知识生产主体

知识生产的主体当然是人，但是怎样的人群与机构呢？传统认为是大学与研究机构。以互联网为代表的信息技术为人类社会的工业进步、经济繁荣、文化传播带来了现实上的种种可能性。社会经济全球化态势的萌芽虽早于互联网的诞生，但还是借助互联网的发展而走向高潮。在如此社会情境中，大学和研究机构作为知识生产的主体面临了新挑战,不得不有所应对。

论文专著类的生产主体依然是大学和研究机构,只是现代研究机构不再单纯是大学和政府所建立的,也有更多属于企业和民间组织所建立的。发明专利和标准规范类知识的生产主体除了大学、研究机构,主要有国际标准化组织、各级知识产权和技术监管部门等。创新设计类知识的生产主体则涉及所有企业和其他社会组织机构。所以,随着社会走向学习型社会和知识经济时代,知识生产的主体也从大学、研究机构为主,逐步走向整个社会和整个生产系统,除了知识科技人员、专业设计人员外,技术工人、新农民、操作人员、服务人员等都可以成为知识的生产者,可以成为创新者。当然,知识的创新还是分层次的,真正原创的理论知识还是少数。

（4）知识生产方式

当代知识生产方式上最大的变化在于生产模式中新增加了直接从大数据生产知识的新模式！自人类重视科学知识以来,科学知识的生产方式始终是走一条路径,就是提出问题或者科学假说→进行科学实验→验证或证伪假说→得到新的认知知识。

而基于大数据的知识生产的生产模式是提出问题→大数据分析挖掘问题的解→对挖掘得到的解进行验证→得到新的知识(或继续进行大数据挖掘)。

实践已经证明,大数据挖掘的知识生产同样可以进行技术创新、科学发明和科学发现新的知识。实际上,大数据本身也是人类大量实际活动的记录,包括了生产活动、生活活动和科学探索活动等。所以,大数据知识生产方式,特别是包括网络海量信息的知识挖掘生产方式,由于其成本低、周期短、适应范围广而会成为发展迅速的新的生产热潮。没有特殊说明,本书下面的知识生产,主要指基于大数据的知识生产。

吉本斯等人于1994年提出知识生产新模式,其实是针对知识产业链的变化的。其描述当代社会中正在发生的、跨越学科和机构边界的知识生产模式的变革。吉本斯等将知识生产模式划分为模式1与模式2,用以表征不同的知识生产模式。其中,"模式1"即"一种理念、方法、价值以及规范的综合体",符合默顿范式的特征。认为知识生产主要在单一学科的认知语境中展开,学术兴趣是主导,同质性、等级制是其组织的主要特征,知识生产主要接受本学科学术标准的评判。并且由于其生产知识的情境主要存在于高校和研究机构中,因而模式 1 被认为是"等同于所谓的学科",其中所认定的重要的问题是谁可以从事学科工作、什么是好的科学,"科学"和"非科学"之间有着泾渭分明的界限。模式 1 的这些特质正在遭遇挑战。

于是,吉本斯等人又提出"模式 2",用以命名知识生产的新模式,并作为对模式 1 的补充与发展。模式 2 的提出在科技政策、高等教育研究、科技管理等领域产生了广泛的影响。在我国学界,知识生产模式 2 理论也逐渐受到广泛的关注,并被用于分析一些教育现象,如大学的知识生产、高校的教学改革、一流学科建设、大学内部治理、智库的发展、博士培养模式的变革等等。知识生产模式 2 理论已经成为近年来高等教育研究最为广泛的理论之一。[11]

知识生产模式 2 的基本特征。"不仅影响生产什么知识,还影响知识如何生产、知识探索所置身的情境、知识组织的方式、知识的奖励体制、知识的质量监控机制等等"。模式 2 有五个基本特点:

1) **应用情境中的知识生产**。知识的生产是社会中"更大范围的多种因素作用的结果",其生产需求来自政府、企业、高校等各种社会主体面临的现实问题,知识生产的成果主要服务于应用型需求。所以,**其来自于应用,服务于应用,也在应用中边生产**。

2) 跨学科。模式 2 所寄身的应用情境决定了**知识生产所要解决的问题不能限于单一学科的知识框架**。模式 2 中问题的解决更促生了跨学科的出现,其独特的理论结构、研究方法和实践模式中衍生了跨学科的问题解决方法。**绝大多数应用中的需求问题是综合性问题,需要综合性学科解决。**

3) 异质性与组织多样性。知识生产模式 2 带来了知识生产场所、沟通方式以及所涉及研究领域等方面的异质性。如此,使得更多元的知识生产组织涉足其中,更在异质性的生产过程中产生了新的、多样的组织形式。

4) 社会问责与自反性。模式 2 所应对的问题、所生成的解决方法以及所生成的知识,都具备浓厚的应用特性,也即响应现实社会中各个领域的需求,探索可行的解决方案,生产直接可用的知识,最终应用到问题情境当中。因此,其知识的生产中的问题解决与否是多元化参与者的关切,模式 2 更需要应对来自社会的问责,开展对知识生产的方式、过程、结果等方面的持续反思,以期建构更适合应用性情境的新知识。

5) 更加综合的、多维度的质量控制。在模式 2 中,传统的学术研究质量评价方式已不再适用,因而必须产生满足前述 4 个特征的质量控制新体系,需要关照"不同范围的学术兴趣以及其他社会、经济或政治兴趣的应用的情境"。这样的质量控制体系实际是一种严峻的挑战。

由此对新生产模式的认识导致对知识生产评价规范的要求：

1）精确性。在这一理论界定的范围内，从理论导出的结论应表明同现有观察实验的结果或实践领域的现状相符。

2）一致性。理论本身具有内部一致性，并且与外部已有公认理论、概念相一致。

3）普遍性。理论的视野应当广阔，尤其在其提出之后，不可仅限于最初所发生的现象、规律。应该符合所涉及所有范畴。

4）简练性。理论的阐述应当简洁规范，表达中所包含的约束，使得相关理论现象与实践现象呈现出必要的秩序，避免孤立与混乱。

5）有效性。理论自提出之后，应当催生足够数量与质量的理论和实践研究成果，揭示出理论和实践当中已知现象之间，新现象之间以及新现象与已知现象之间的关系。[11]

所谓知识生产模式发展变化的研究，实质是知识生产本身的普及化、多元化的发展趋势。知识生产从原来局限于高校和研究机构的小范围、局限于基础研究的学科范畴，开始向多种机构特别是广大企业办研究机构扩展，向社会生产实际领域中研究发展，向综合课题、综合学科发展。**因为人类现在面临的未解决难题如资源枯竭、环境污染、安全危机、文化冲突、生产过剩、两级分化、道德滑坡等基本都是综合学科的问题。**

1993 年纳尔逊和罗森伯格主编出版了《国家创新系统：一个比较研究》，比较了 15 个国家的创新系统，强调了制度的重要作用。经济合作和发展组织（OECD）1994 年启动了"国家创新系统项目"，对多国创新体系开展了大规模的研究，随之发表了一系列的研究报告。OECD 认为，国家创新系统的核心内容是科学技术知识在一国内部的循环流动，研究的重点即是整个系统中创新互动和知识流动的效率。**创新系统理论的发展与"知识经济"的出现有着密切的关系。知识密集是高新技术产业的特点，知识的生产和扩散将与越来越多的机构联系在一起，自然而然地加强了创新主体之间的相互依赖性，促使人们必须用系统的观点来研究创新理论。**当前系统科学已经发展到了研究开放的复杂巨系统和复杂适应系统的阶段，国外一些学者已开始了用复杂性理论对创新系统进行研究。1998 年 Gregory A. Daneke 研究了非线性经济和美国创新系统的进化过程,它用非线性理论、自组织理论丰富了熊彼特的创新理论,认为技术创新作为经济增长的中心,将对其它的社会要素产生重要的影响。1999 年英国学者 Robert W. Rycroft 和 Don E. Kash 出版了《复杂性的挑战:21 世纪的技术创新》。[17]

（5）知识生产的资源需求

1）被加工的知识生产的信息材料资源的集散形态有数据库、数据仓库、web 信息等。数据信息类型有数据库中的关系型数据,办公系统文档和数据仓库中的图文信息、音像视频信息、规则信息等,网络系统中的网页服务器、文件服务器、邮件服务器、自媒体等上的所有信息。

2）知识生产的加工装备资源需要数据库、数据仓库、网络等操作系统和知识生产工具。需要 Hadoop 等进行数据处理和管理知识生产的通用和专用工具都是相应的算法软件,其基础工具集成在知识库类软件系统 MATLAB、Intelligent Miner 等系统平台内,而使用高级的人工智能语言 Python 等提高了知识生产装备的效率。

3）知识生产的核心资源要素还是人,具有该类生产全面技术和熟练技能的人员和团队。团队的人员已经不必在空间上充分集中,而可以发布在其工作方便的各处地方。

（6）知识生产工艺

生产工艺实际是对生产资源利用的方式和方案,大数据知识生产工艺同样是对海量信息资源加工利用的方式和方案。

随着知识生产普及发展,已经形成了较成熟的一些生产工艺,以及支持这些生产工艺的相应平台。[14]

1）统计类工艺

因为大数据样本中包含了大量反映数据关系的知识,所以经过统计必然可以归纳发现那些隐形的关系知识。除了用传统统计软件 SAS, SPSS, EPIINFO 等外,还有通过模糊集、向量机、聚集等工艺来获取关系知识。

2）泛逻辑工艺

对关系型知识的挖掘,如何确定其中柔性逻辑至关重要,很多知识挖掘研究工作集中在这方面。相关性分析、关联规则分析、模糊集分析、向量机等是决定一定的逻辑知识的常用工艺。对定性信息和知识的量化转换也可以归属泛逻辑一类。常用工艺有模糊数学法，层次分析法和泛逻辑算法。[12][16]

3）机器学习工艺

机器学习是人工智能、模式识别、控制与决策等综合学科的热门研究与应用领域。机器学习作为一种知识生产的工艺而发展，但由于机器学习过程不是生产一般的知识，而是主要生产控制与决策类知识，生产智能型、智慧型知识。并逐步集成了知识的生产与应用一体的系统与平台。所以机器学习已经不仅是单一的知识生产工艺，而是一大类别的知识生产的工艺。机器学习中所用的具体工艺很多，它们的特点是构筑仿制类模式或模型，通过计算机系统的学习型计算来修正逼近实现该模式或模型的知识功用。遗传算法、神经网络等机器学习工艺已经被成熟应用。

知识生产的研究很多集中在生产的工艺和信息资源整合之上，几类工艺的综合应用和新工艺的开发将会是研究的前端课题。

（7）创新设计知识的生产

现代设计已经不是传统的查阅已有规范和设计构件的工作模式了，而是注重创新理念在设计过程中的全面体现。设计已经把款式设计、功能设计、品质设计和工艺设计各层次打通，主张全面统一的设计。

在资源开发部分对知识资源变换中创新知识的论述已经阐明知识资源在生产过程的新产品开发阶段是主要输入资源。新产品设计要提供的一般不是科学发现和理论创新，而是提供新款式、新功能、新品质、新工艺和新应用。要提供出这些新知识资源，是要巨大的输入资源支撑的。现代设计不仅要依靠设计师的智慧才能，而且还要有完善的设计系统和大数据的有力支撑。

1）款式设计

虽然款式设计需要设计师的灵感和创意，但在个性化需求的设计时代，款式设计实际是基于历史和现实大数据仓库的。对有些产品款式设计成为设计和生产的最重点过程。比如，建筑设计、服装设计、动画游戏设计、文艺活动设计等。这些设计系统必须具有其历史设计成果的大数据，根据设计创意直接从大数据选出相关属性的备用参考方案，再由设计师进行选择修改。在服装款式设计中往往用户都可以直接介入挑选备用方案,快速确定新款式类型。目前很多公司的动画等设计,缺少大数据支撑,耗费大量劳动重复于基础动画部件的制作,效率很低。所以,现代先进的款式设计系统都是基于知识库的,基于大数据的,都有相应知识平台支撑的。

2）功能设计

各类产品都存在基本功能系列数据,所以设计系统都可以提供基本功能的可视化设计。而新功能总是从新需求中来,也基本能从功能大数据分析来确定。所以,功能设计的趋向也是朝着大数据辅助方向发展的。

3）品质设计

产品品质在很大程度决定了产品档次和价格,决定了市场占有率,也决定了主要盈利能力。品质设计必须跟踪新技术、新发明,跟踪知识产权数据。品质设计更多地是与规范标准大数据系统的链接,与试验和实验系统数据的链接。所以品质设计也是基于大数据支撑的设计。

4）新工艺设计

工艺设计要决定各类材料和工艺过程,包括工艺过程中装备和劳动力的使用清单。所以,工艺设计要有新材料大数据和装备大数据,同时还要有加工工艺本身的大数据。工艺知识的大数据不仅是一般的关系型数据,还将是大量知识工具表示的图文类大数据。

新产品价值的实现主要决定于上述几项设计,产品价值通过其款式、功能、品质来体现决定,而其加工实现及实现的效率又是通过工艺设计完成。所以,**设计过程是价值实现的构建过程。**

由上可见,虽然目前基于大数据的知识生产较多应用于社会和人的知识的生产方面,比如经济、医疗、教学、文化等方面;但实际上在包括物质生产的所有领域都有着其广阔的应用前景,已经是创新驱动生产领域发展的重要基础。由于人们的需求反映与需求实现的充分网络化,所以基于网络的大数据知识挖掘将成为一切生产经营实体的着力方向。

5.2.5　文化产品的生产

文化产品的生产不同于知识产品的生产,知识生产的知识在于人类对世界的基本认知上,是科学和技术乃至工程问题的有所发现、有所发明、有所创造的问题。而文化生产则要提供人们精神生活的需求,提供如何在社会生活中看待事物、相处事物、思考和愉悦、交流和记录的信息状态和物质信息综合体产品资源的生产。

（1）文化产品

文化产品是满足人们文化需求的产品。主要有文化作品和文化设施用品两大类。文化类作品又非常多,有艺术类的美术绘画、书法、音乐、工艺等,有文学类的小说、诗歌、散文、评论等,还有表演类的戏曲、电影、电视、杂技、曲艺等。文化用品有文化学习用品、文化创作用品、道具、乐器等,以及文化类设施,如剧院、影院、俱乐部、艺术馆和舞台灯光、音响等。

（2）文化产业

以生产文化作品和相应文化设施用品的产业都是文化产业。文化生产是为直接满足人们的精神需要而进行的创作、制造、传播、展示等文化产品(包括货物和服务)的生产活动,为实现文化产品生产所必需的辅助生产活动,和作为文化产品实物载体或制作(使用、传播、展示)工具的文化设施用品的生产活动(包括制造和销售)。随着人们精神生活的丰富发展,人类文化活动越来越多,范围越来越广,文化产业迅速成为社会的重要产业,从业人员也不断增加。在城市和一些旅游地区,文化展览和演艺成为重要的经济发展促进剂。

（3）文化产品生产所需资源

文化生产所需要的资源也来自文化领域,主要是文化历史的积淀和文化交流的资源。文化人的才艺是文化产品生产的核心要素资源。相应的文化用具和材料是文化生产的辅助资源。对演绎类、展示来文化产品,相应的博物馆、展览馆、影剧场等基础设施资源也越来越受到重视。近来也越来越多出现将文化与旅游等结合的文旅产业,扩大了文化生产的产业链。

（4）文化产品生产方式

有些文化产品生产依然存在着个体生产,师徒传承的模式。比如在文学、书法、绘画、曲艺、手工艺等领域,产品生产主要在于个人创新创作,重点是发挥个人的才艺。对传统特色也要靠师徒关系来传承。这些文化产品的生产周期往往是不确定的,原创产品数量是单件或者少量的。这类文化产品的生产工艺和作品保护成为文化资源工作的一个重点。

有些文化产品生产是群体性的,有一定产业链的。如戏剧、影视、音乐等。有编剧(作曲等)、导演、化妆、道具、灯光、场景、演员、销售等分工。这些文化产品的生产周期往往按照计划制定,按照项目类进行控制。现代信息技术、网络技术在这类文化领域应用越来越广。

由于知识资源和大数据应用的发展普及,在创新领域出现了"艺术的技术化"和"技术的艺术化"趋向。就是搞文化艺术领域的创新越来越依赖于技术手段的应用来实现创新。而在技术型产品领域的创新则越来越考虑艺术化的思路和实现。

现代绘画中有专门利用数学工具如高维非线性产生混沌现象的机器绘画。诗歌创作上,无论是旧式格律诗还是新体诗,都可以依据大数据由机器创作新品,并具有一定的文化价值。在小说和剧本创作上,根据创作要求的机器写作作为参考已经实际应用。在戏曲表演手段中,数字化电脑布景和虚拟现实等技术手段也被创新使用。影视创作中计算机动画和机器人演员等正在越来越多地介入。音乐领域的机器作曲和声道及频率保成技术广泛应用。文化艺术对现代技术的相应工具平台的需求越来越旺,文化创新中对技术资源支持的需求越来越大,文化产业中这部分的质效比例不断上升。表明了文化产业对技术资源的依赖和需求越来越明显。

5.2.6 服务产品的生产

人类社会发展的重要标志是资源开发能力的提高。目前,人类已经经过了土地资源开发、自然资源开发和信息资源开发三个时代,正在步入服务资源大开发时代。服务具有优化资源配置、协调社会分配、降低交易成本、提升物质产品品质、积淀发展力量的特殊功能,现代社会许多重大变革的新的增长点都来自服务领域。随着信息化、全球化的推进,服务资源将成为人类社会继物质资源、能源资源和信息资源之后的一类核心资源。服务资源的开发能力,将成为先进生产力的标志和社会竞争优势之所在。[18]

服务的概念实际也在泛化,所谓现代服务业几乎把用到现代信息技术资源的行业都纳入了现代服务业。从广义上讲,文化产业主要满足人们的服务型需求,也是属于服务业。但本书暂将服务产品限定在社会消费、公共事务和家庭生活服务方面的产品。本书分析服务产业不包括文化产业(包括旅游)、金融服务(包括房地产、拍卖租赁)和劳动力服务业。这样限定的服务产业有公共行政事务类、教育类、养老类、家政类、健康医疗类、网络信息类、咨询类、消费商业类等,相应服务产品也限定是这些类别的服务产品。

(1)服务产品生产的特点。

服务产品发展突出特点是高资源支撑、高资源耗费型的,是资源密集型产品。而且其中的信息、知识型资源的密集程度越来越显著。服务业从最早偏重一般的低端劳动力服务,对知识文化都要求不高。现在的服务业正向高知识型劳动的服务模式转化。服务产品的生产也越来越依赖于信息产品的支撑,包括网络支撑和信息终端的支撑。在线服务已经成为当代最主流的服务模式。连锁服务把服务产业链在资源空间、业务空间和网络空间上都集成发展,充分利用,成为效益增长最突出的领域。

(2)服务产品的盈利性和公益性。

服务产品关系到最广大人民群众的实际生活水平的提高。什么是人民生活水平的提高呢? 不同的文化和意识形态下有着不同的观念。**中华文化有传统的小康观念,就是对人民生活水平生活状况的一种需求,一种追求。小康并不单纯以收入评价生活,而是以社会共同富裕的程度、安定的程度、稳定发展的程度来评价生活。对生活主要看的是生活状态的稳定发展,也即是资源富足、生活耗费下降,特别是生活支出相对于收入有余,资源被节约和充分利用。小康绝不是只追求收入提高的目标,小康是反对负债生活、负债发展的。**

从农耕自然经济以来,传统的小康观念就有发展群落的一定公益的经济文化事业的尝试。主要是教学、养老等服务方面的公益。新中国成立以来,在公有制支撑下的社会服务的公益事业发展迅速。免费的教育、医疗、疗养,公办的养老和残疾人服务的普及等,让服务业的公益性得到充分体现。整个社会对服务业的认识就是公益为主,盈利为辅。当时的流通商业只允许微薄盈利,利润是所有行业中最低的。之所以称为服务业应该是以服务为主旨的。

目前的服务业充分依赖于网络和通信基础资源,而这些基础资源的投入都是国家为主的公益性公共服务的投入。所以那些基于这些基础的教育培训服务、医疗卫生服务、信息与通信服务、科技咨询服务（研究与试验发展、专业技术服务业、工程技术与规划管理、科技交流和推广服务业等）、法律咨询服务、商务服务等服务行业。都应该以公益性为主，而不应该是目前的高收费性的服务。

（3）服务产业发展的计划性

服务产品生产要素是公共基础设施资源和高素质劳动力资源。而社会对高端服务的需求持续增长。包括对优质教育、优质医疗、优质信息与通信、优质家政等服务产品的需求急剧增长，使得这些服务资源相对严重紧缺。而这些资源实际又是很大依赖于公共基础资源的，而公共基础资源建设的投入资源是巨大的政府支出。所以，要解决这些服务产品的相对稀缺，必须加强对服务产业和产品的规划和计划性，缩小同样服务业内的高低端差距，在资源分配上向低端倾斜。限制盲目发展高价高端服务机构。有计划分配使用优质的网络、信息、知识等基础资源。

5.3 资源变换与社会消费

在人力参与下资源运动的主要方式是社会生产，而在社会生产中资源是通过各类变换成为新的产品资源。社会生产总是为了满足人们的物质和精神文化需求的，所以生产的产品主要是走向社会消费的。这样，实际社会消费观念和消费需求就影响了生产方向和生活方式。而消费观念又是受什么支配影响的呢？实际上消费观念主要受人类财富观、价值观影响最大。

5.3.1 财富观演变

从广义资源的角度看，资源是有用的事物。

约定 9:财富就是资源，就是客观资源被拥有的状态。被个人拥有的资源成为个人财富，被集体拥有的资源成为集体财富，整个社会拥有的资源成为社会财富。劳动是财富之母，土地是财富之父这是对马克思主义财富价值观的科学的概括。

马克思和恩格斯的著作中,讲到财富一词时,一般是指物质财富。"而物质财富就是由使用价值构成的"。因此,无论论述财富的创造、财富的源泉,或是研究财富的适用范围,其内涵一般是指资源的使用价值。

约定 10:本书所指社会财富不是社会中个人财富之和,而是整个社会所拥有的可用资源的总和。比如,国家公园就是社会财富,但每个人可以使用,而不是每个人可以拥有其一部分。绝大多数信息资源和社会资源本身的共享属性就决定了它们应该属于社会所有,属于社会财富。这和只承认一切资源只可以私人所有的观念是完全对立,在那种观念下,认为社会财富就是所有私人财富之和,认为资源和财富的社会所有就是一种所有者缺失。

人类对财富的观念也是随着社会发展而演变的。古人和现代人的财富观有着极大的不同。

(1) 在古代,人类认为的财富主要是物质资源财富,信息只是为了保住藏宝地,是"金钥匙",是"藏宝图",是"芝麻开门"。古代人主要是藏富型的财富观念,不愿意露富,将财富积累藏起来,宁可大家都找不到,也不让他人占有。所以古代人的藏宝技术很多,藏宝故事很多,到过世死了以后,也流行要将财富带到棺材里去。很多古藏的宝贝是我们至今都找不到的。

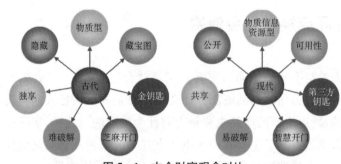

图 5-1 古今财富观念对比

(2) 现代人认为,财富必须是能充分享受的,必须是能与人共享的。许多物质资源往往是独占性应用的,而信息资源的价值就在于共享应用,用的人越多,价值越高。所以,一部分现代人以炫富为荣,不断追求享受,挥霍财富。但还有部分现代人则以奉献和增加社会共同财富作为自己的精神财富收获,以公共财富的增加为大,个人财富的增加为小。

也有人将我国几十年来主流财富价值观演变作如下描述:

50 年代的"财富"是激情：中华儿女们豪情澎湃、高歌猛进,金钱是多余的羁绊。

60、70 年代的"财富"是斗争：斗出一片火红的天,金钱是一种锻炼觉悟的战场。

80 年代的"财富"是变革：实践是检验真理的标准,金钱挤进了发展的硬道理。

90 年代的"财富"是组合：忙碌发展的中国在创造、在变革、在试验、在组合各种被解放的元素们,金钱是组合品的标志,知识创新是财富。

财富观的演变和变异是资源认识发展的必然。现代人已经充分认识到除了物质资源外,其他信息资源、知识资源、社会资源同样是宝贵财富。

广义的财富观成为更为广泛的概念,有物质上和精神上的。物质上能满足各种生产生活需要的物品就是财富；精神上能让你愉悦舒畅的就是财富。

5.3.2 消费观与财富观

世界观、价值观和人生观影响着财富观,也影响着消费观。从资源角度看,财富就是资源的拥有状态,而当代人认为财富拥有就是为了消费的,所以消费观只是财富观的消费体现。但在消费主义盛行的社会之下,"设计消费"可以引导人们异化的消费、过度地消费、有害地消费。其结果是极大破坏资源运动的生态性。

(1) 消费与积累

个人消费要依靠财富,个人财富要依靠收入。人们的收入除了当前消费外,还必须有所积累,以准备长久的大宗消费和个人及家庭的发展储备。对集体和国家就更是这样,没有积累下就没有国力的发展和提升。所以正常的消费观念应该是有计划地消费,量入为出的适度消费。要在自己的经济承受能力之内进行消费。

整个社会也是如此,社会总收入除了用于当前基本消费外,还必须要有积累。这些积累除了满足社会再生产外,还要考虑增加社会保险,抵御意外灾害等风险。所以整个社会的消费与积累必须是有计划控制的,不是任其自由分配、随意挥霍消费的。

个人的财富主要来自劳动收入和继承。在计划留足维持日常衣食住行和培育子女等费用后,会把积累进行投资或存储。积累的财富的增长将来有可能成为财富增长的新的部分。在这种正常消费模式下人们提倡勤俭节约,艰苦奋斗,战胜困难,成就事业。

当个人财富还有来自赠与和意外收入时,其劳动收入所占比例降低,也就减低了积累的需求,增大了当前的消费需求,这种增大的消费需求往往是会引起奢侈的、非理性的、过分耗费稀缺资源的。

(2)消费与健康

人力资源的能力性质已经越来越被重视。人的能力与其知识储备和智力有关,但不可忽略的是与其健康密切相关。人在恢复提高其智力体力过程中,进行物质和精神产品的消费。但这种消费应该要避免盲目跟风,避免情绪化消费,避免只注重物质消费忽视精神消费的倾向,特别要避免有害健康的消费趋向。这种有害健康的消费可能是有害精神健康的,也可能是有害生理健康的,还可能是对两者都有损害的。目前流行的消费之中,危害健康的消费越来越多。过度的烟酒、过度的营养进食、过度的娱乐熬夜、过度的化妆打扮、刺激品与毒品、宠物与危险探索等。可以说凡是设计消费所产生的消费模式,基本都是有害健康和浪费资源的。

(3)消费与资源节约

正确的消费还必须是保护环境,绿色消费。面对严峻的资源短缺和环境污染,我们应该树立生态文明观,保持人与自然之间的和谐。

消费观是人们对消费水平、消费方式等问题的总的态度和总的看法。与生产观、交换观和分配观一样,消费观应该是经济伦理的重要部分。适度消费观是一种既不主张对物质财富一味节约吝惜,又不赞成对物质财富毫无节制的消耗滥用的消费观;是一种使消费者既不为清贫所迫,又不为物质所累的消费观。这种消费观认为,消费者在消费时不仅要考虑自身效用的最大化,而且要考虑他人利益乃至社会的利益;不仅要考虑当代人的利益而且要考虑子孙后代的利益。体现人类的理性精神和道德自律,符合现代社会经济发展的要求,是一种理想的消费观。

人类和生命世界的基本生存资源土地、空间、水、空气等都是绝对稀缺的资源,而且越来越稀缺。所以,以较多耗用这些资源的消费都是应该反对的。个人大量占有这些资源也是社会应该反对的。凡是能节约这些资源的消费和生产是应该提倡的。

根据《消费者研究》的 90 后消费研究报告,关于年轻群体的消费趋向应该引起我们的重视。这个群体可以分为两部分,第一部分是大学生,19—22 岁的群体,也就是工作不久的小白领群体。我们分区域来看,会发现三、四线城市 90 后更加活跃,90 后最不活跃的地方其实是一线城市。也不能说是一线城市不活跃,而是一线城市的中年甚至老年的消费者在网上更活跃,所以导致一线城市年轻人相对来说少一些。在一些特定的城市我们筛选下来,是市一级为单位的,全国 30 多个城市中。年轻消费群体占比最高的,像牡丹江、重庆、铜川等等,这些 90 后消费占比过半。像一线城市,北京、上海、广州、深圳,占比只有四成左右。

90 后如何购物? 现在是移动电商的天下,移动天下成为主流了。比如 19—22 岁,我们默认主流群体为学生,当然也包括新生代的一些打工者,主要是一些蓝领阶层。比如在服装品类,年轻人已经很少在 PC 端购物了,这不构成他们消费的基本场景。但中老年群体,其实他们依然有大部分消费习惯是留在 PC 端的。再来讲购物习惯的问题,以前在 PC 端购物是什么样的场景,什么样的购物? PC 端可能一天会上一次、两次,但是移动端可能是一次、两次,更多次,然后每次打开一两分钟。另外一个细节很有意思,学生购物高峰时段都是饭前饭后,特别是下午,是网购高峰时期。

而白领在晚上 5 点到 7 点钟消费占比很高,这个时间段主要的场景是什么? 其实是吃饭,吃晚饭的时候,当然对一部分人来讲可能是上下班的时候。所以学生很珍惜自己吃饭的时间,吃饭的时间可能跟同学聊聊八卦等等。但现在白领时间已经很紧张了,他们为数不多的时间可能就用来购物了。

在消费偏好上,学生相对来讲是数码和手机。但 23—28 岁,刚工作不久或者刚成家立业的消费者,他们在家居品类消费占比非常高,可能在某个品类里面获得过半的销售份额。

如果把这个数据换一个角度来看,增加时间的纬度,也就是我们观察随着这个时间的变化,这些人群在每一个行业里面地位发生什么样的变化,那这个数据就非常有意思了。我们发现大学生群体,在服装,特别是男装,以及美容相关用品上增长速度特别快;再来看 23—18 岁的年轻小白领,在主食、零食以及家居市场上的变化迅速提升。肉类零食,大部分都是油炸的,它的加工方式其实是非常不健康的,好吃,但未必健康。坚果相对来说是这两年增长比较快的,我认为它相对来说代表健康。对比非常鲜明,越年轻的人在肉类零食上买的特别多,年纪大一点的人把消费都放在了坚果品类上。年轻人在吃上的特征,好吃就行,不管健康不健康。

另外一个品类,当时我们看保健品的时候,我们想至少是一些面向健康的,包括中年人。但是我们发现大量的年轻人在购买保健品,我们就去研究这部分人群,比如现在有口服的化妆品,或者跟美容相关的保健食品,其实这些品类非常受年轻女性的喜爱,在网上增长非常快。但要吃的美丽。关于健康唯一关心的就是身材,体重秤的摇手全部都是年轻人在买,可能人到中年就放弃了,但23—28岁这部分年轻群体,是非常注重自己身材形象的,特别是刚工作不太久的年轻小白领。你会发现那些成熟妈妈把更多钱花在一些营养和健康方面,也是为了自己,可能需要更好的补充自己的营养,恢复自己的健康。但年轻妈妈全是一些穿衣打扮的,当妈也不能放弃自己,也要穿漂漂亮亮的衣服。

从上总结,其实可以发现,消费模式在当今年轻群体中是受传媒信息引导影响最大的,所以可以说,宣传和传播主导了年轻群体的消费习惯和消费模式。

本章结语

本章分析了关于资源开发和产品资源生产等很多观念。

(1) 提出资源开发:是资源的发现、资源的拓展和资源从有用性向可用性发展的相关工作。资源开发的战略是合理开发非再生资源;努力开发可再生资源,全面实现有计划可持续的资源发展和利用。提出社会生产本质是生产系统的输入资源变换进入其输出的产品资源。

(2) 对自然资源开发不仅应该重视土地、水、矿产等资源的保护性开发应用,还应该充分重视海洋资源、新能源资源、太空资源等扩充自然资源的开发探索,规划研究。

(3) 本章对三个产业分类的国内、国际差别进行了分析。强调了从资源需求出发的三个产业的划分关系。

（4）本章把第二产业物质产品的开发和生产分为基础设施建造、工具装备资源和物质消费品资源的开发和生产。提出物质产品开发的技术、市场、资源、安全四方面可行性的开发原则。初步分析了物质产品生产中资源变换与资源能力的关系，特别是材料资源、能源资源和人力资源在生产中变换成产品资源的关系。

（5）本章分析了信息产品与信息产业的关系，信息产品生产的要素和特点。特别分析了数字信息产品和网络信息产品的发展及其生产特点。

（6）特别提出了知识生产的观念。就大数据知识生产的资源需求、生产方式、生产工艺等进行初步分析。知识生产的许多平台实际已经是知识生产和应用服务的一体化集成平台。

（7）分析了人类财富观的演变及其对消费观的影响。分析了消费与健康、消费与积累、消费与资源节约的重要关系，指出消费主义的危害。

6

资源的替换与节约

> **本章主要内容**
>
> 　　本章分析了社会生产中为了降低成本和节约稀缺资源的消耗所采用的资源替换。分别就环境资源、耗费性物质资源和时间资源等替换进行分析。对资源的节约性替换特点进行分析。对采用知识信息资源进行仿真过程的资源替换进行了分析研究。

　　现代企业经营中资源替代的例子到处可见。例如：企业为缩短产品上市时间会直接购买专利、设计图纸、标准等，就是将原来设计所需的技术和时间资源用知识资源来替代；企业为克服劳动力和环境处理成本上涨，往往会将制造基地进行转移到环境约束低和劳动力价格低的地区，这本质上是地理环境约束和人力资源的边际化。企业作这些决策时，必然要分析资源的组合价值，这种同种和异种资源之间的替代变换，一是需要将资源概念泛化，二是需要对资源的转换价值进行估算。经济财务核算已经在一定程度上解决了对自然资源、人力资源、某些知识产权等资源的价值核算问题，但还不能跟上资源泛化的进程，许多泛资源的核算，例如对政策法规、环境、时间、隐性知识、影响力等资源，还缺少财务核算准则。

6.1　资源的替换

在资源产品的生产和消费过程中,人们为了节约成本、降低费用和消耗、缩短产品开发生产时间、提高安全性、降低排放和污染等,常常采取资源替换的手段来实现这些目标。另外一方面的资源的替换是为了改进产品的功能、品质和生产工艺过程的。本章主要分析前者的资源替换。

(1) 单个资源的替换和组合资源的替换

单个资源替换是最简单的替换,一般是某种材料的替换改变。比如,许多原来采用钢材的产品外型箱体结构的产品,改用了复合塑料构件来替换。原来采用粮食原料生产酒精、酶制剂等化工产品的,采用植物秸秆、树杆等为原料替换来生产。

组合资源的替换是用一组资源去替换某个资源或某组资源。资源替换中更多的是组合资源的替换。比如交通运输工具中电气控制机构原来用了大量接触器,继电器、开关等,现在采用可编程控制器等替换,省掉了大量的体积大、耗费大、可靠性差的接触器、继电器等资源。

(2) 同类资源的替换和异类资源的替换

同类资源的替换指替换发生在同一个类别的资源内的不同资源的替换。比如原来使用燃煤资源,改用燃油或改用电力资源。同类资源的替换不仅为了稀缺资源的节约,还同时提高产品生产的安全性、可靠性等。

异类资源的替换需要更多技术资源的支持,异类资源的替换往往都是组合资源的替换,这种组合还往往是软硬件资源的组合。比如原来锅炉等压力报警有个压力爆鸣装置在快要超压时排出高压气体吹鸣报警,和压力锅类似。现代则都有在整套控制装备中的精确监测系统及时监测,通过声光自动报警和自动控制避免压力超限。这是用软硬件组合资源,替代了单纯气压敏感元件的报警。

6.2 环境资源的替换

这里环境资源主要是指自然环境资源如土地、水、空气、植被、日照等条件。基本都是绝对稀缺的基本生存性资源,如何保护环境,节约使用是总的方针,也是替换工作要实现的目标。

6.2.1 水资源的替换

工业化、城市化和特大城市化的进程,引起全球水资源紧缺,特别是安全饮用水和灌溉用水持续告急。使得城市和农村都不得不把节水护水作为重要的基本发展战略。

(1)滴灌替代漫灌

这里把滴灌水和漫灌水看作不同的资源,而不仅是不同的灌溉技术。灌溉用水是农业用水的大头,以往总是通过灌溉渠对作物进行漫灌的方式。在北方旱地旱作物的灌溉上,用水多而且对土壤结构不利。现在有条件的都用滴灌替代漫灌,效果好,节水明显。在现代农业装备下的用水方式,也普遍采用可控精确地供水系统,虽然增加了装备资源的代价,但精准控制水量,提高水的利用率,并提高了产物品质。

(2)洗涤使用循环水替代大量使用清洁水

各类洗涤用水是城市用水的大头,洗衣用水、洗车用水、工业洗涤、餐饮厨房用水等使用了大量清洁水资源,又排出大量污染水。改进后的洗涤系统采用污水处理系统,提取循环水反复使用,替代完全使用清洁水源。虽然增加了水处理系统的装备资源,但节约了稀缺的水资源。该类系统已经在洗衣、洗车业推广普及,在推广垃圾分类的同时,厨房废水的处理也在推广。

(3)海水替代原来的稀缺淡水

海水资源是丰富的环境资源,淡水资源则越来越稀缺紧张。在水资源使用中,海水资源替代淡水资源是重要的方向。这种替代实际分成两个途径。一是使用淡水的地方直接改用海水替代,这在近海地区凡是不受海水成分腐蚀影响的生产生活领域的用水,都可以尽量采用海水。现在培植的海水稻使得一向需要淡水的粮食生产,可以使用海水替代,是一个巨大的突破。另一方面是通过海水淡化处理技术的突破,低成本获取大量淡水资源,这方面技术和装备的进步也是大有发展前途,更是解决了淡水严重缺乏的海岛和远洋航船的淡水需求。

6.2.2　空间资源的替换

人口增长和城市快速发展,使得土地和空间资源日趋稀缺。从小到手持装置,大到各类建筑的设计和制作建造中间,实现占据空间的压缩,整体体积的缩小,就相当于是使用知识技术资源替换了空间资源。

城市建造建筑物向空间和地下立体性发展,高层的利用是用空间资源替换了土地资源,解决绝对紧张的土地资源问题。

工厂通过改变工艺,大大压缩生产线占地,比如离散制造业将原来铺开的多个分散的部件生产车间,整合工艺在同一个车间,同一条生产线上分时完成。比如加强生产的计划性,通过交货期要求倒排各类零部件到达生产线的时间,可以达到"零库存",减少大量仓库占用。上述两项为现代企业节省占地面积,使用技术和工艺替换紧缺的土地空间资源作出了巨大贡献。

6.2.3　表达环境资源的替换

生产领域的各个过程都需要各类信息的表达和流动,设计信息、加工信息、材料信息、检测信息、控制信息、安全信息等,都需要在各环节、各工作人员中间进行表达和流动。应用**效率更高、集成度更高、适应面更广的智能化可视化表达环境替换原来的文本化、文字化、离散性表达环境已经成为新的趋势。**这种新的表达资源是基于本体的、跨域文化的、更规范的信息表达资源。通用的标识图形符号已经发展成为专门的环境表达系列。在公共设施系统指示方面如交通标志,安全警示,办车流程等都已采用网络化电子声光资源。在企业从业人员多元化、多民族化、多语言背景的发展中,采用不易产生文化和语言背景引起的理解异化的本体论基础的环境表达资源,是全球化下企业和各类组织的重要需求。基于这类表达语言系统的研究应用进展很快。

6.3 耗费类资源的替换

耗费类资源的替换是最常规、最流行的替换模式。由于稀缺资源的价值越来越高,采用非稀缺的资源替换稀缺资源是所有生产生活发展的中心工作之一。

6.3.1 可再生资源替换不可再生的稀缺资源

采用可再生性资源替换不可再生的稀缺资源是资源替换的最早模式和较普及的模式。随着稀缺的物质资源越来越限制人类的发展,甚至影响人类安全生存,这类替换模式也被采用得越来越多。

可再生性资源主要指可再生的生物型资源,多数是可再生性植物资源的利用。

(1)能源资源的替换

最为稀缺的能源资源煤炭、石油、天然气其实也是再生性植物资源在地质演变下的产物。由于开采技术的进步,工业革命以来被无序扩大开发应用,迅速趋于耗尽稀缺状态。作为替换的新能源开发如风力、太阳能、核能、水力等正在被加大开发应用,但这些能源都有一定的处置难题需要解决,如安全问题、废弃材料处理问题、投资回报问题等。

人类几千年来直接应用树杆和秸秆来取暖加温、生火煮饭的能源方式,不仅目前仍然有地区使用,而且完全可以替换稀缺的能源来用于取暖加温生火方面,当然应用方式和转换热能的效率等应该研究改进提高。作为中国人自古以来创造的沼气,就是主要利用可再生植物废弃物等发酵形成能源综合利用,在习近平总书记亲自倡导推广下,不少地区已经扩大应用和研究。现代燃料电池的研究也是基于同样可再生资源基础而发展,扩大应用。这方面应该是不可忽视的简捷低成本的资源替换方式,易于推广实现。

利用可再生植物的酒精生产法,在发酵工艺研究上的突破使得生产酒精的能耗大降,出率增加,成为工业酒精的重要生产途径。而其原料都是可再生资源,所以这类产品的本质是可再生资源对稀缺资源的替换。酒精可以作为能源替代燃油。采用酒精作为动力的汽车和动力工具已经在推广应用,我国应该关注该方向。

(2) 稀缺物质材料资源的替换

稀有金属、黑色金属、石化产品等物质材料资源的稀缺程度越趋严重。采用可再生资源来替换这些稀缺资源是必然的发展路径。金属材料作为物质产品的结构支撑性材料,用量巨大。在化工材料,特别是塑料材料发展的情况下,化工塑料大量替换金属材料资源曾经成为一个发展趋势。但传统化工塑料等材料也是稀缺的石化、煤化工的资源衍生品,正成为稀缺资源。而且这些材料由于回收不规范,引起污染危害越来越严重。

利用可再生生物资源的发酵法生产酒精(乙醇)的成功,必然可以推广和发展其他系列有机材料的可再生资源的生产方式,来克服和替换单纯依靠石化、煤化工获取化工材料资源的物质资源使用模式。

生物性资源的直接物理型处理,形成各种成型材料来替换稀缺的金属材料等,也大有可为。复合板材、柱材、布料等在各行业的应用将不断增长。木结构建筑在某些地区重新热门。除了树木外,象芦苇、竹子、贝壳等可再生资源作为替换资源的应用研究正在深入发展。

6.3.2　知识信息类资源替换耗费类物质资源

最有发展潜力和发展前景的资源替换是应用知识信息组合资源替换纯耗费类物质资源。这种资源替换一般是组合替换、过程替换。

(1) 数字化逻辑机构替换原始的物质动作逻辑机构

生产和生活所用设备与产品中都涉及物品的运动与控制,传统都采用机械结构电气逻辑器件和装置来控制运动。各类机械开关、电气开关及继电器、接触器等体积大、材料多、成本高。而其中许多设备只是为了完成一定逻辑功能。现代逐步采用电子逻辑电路和相应计算机软件来替换这些大件装置,不仅体积缩小、材料大省，还大大提高了集成度和可靠性等性能，成本也大大下降。这种数字化装置的替换本质是知识和信息过程的替换，是电子化的知识信息过程对传统机械强电过程的替换。

（2）硬件的软件化

在逻辑部件数字化的基础上，进一步发展的硬件软件化技术，使得一些耗料耗时的硬件过程被软件过程替换，大大节省成本，提高效率。早期的数字化装备，其内部硬件结构很多，硬件过程复杂而较多，所以体积也相应庞大。早期的电子管计算机，磁性内存和外存，电源等体积大，用料和耗费也大。如今将计算机内部和嵌入式装置内部许多硬件结构的功能进一步软件化了，体积缩小、效率提高、成本进一步降低，成为重点发展的一类技术方面。

硬件过程的软件化还有很大的体现领域在于仿真技术应用领域，该类技术通过计算机和网络上的软件运行过程，替换了需要大量物质材料、长久试验过程的那些开发、设计、论证等过程。仿真的具体分析在下面一节中继续展开。

（3）大数据挖掘替换试验性实验

在知识生产一节已经分析了大数据挖掘生产知识的新途径。这一新途径的本质还是实现了采用知识资源和信息资源来替换原来需要更多实物耗费的试验过程的事实。

6.4 时间资源的替换

在本书资源分类一章已经明确本书所指时间资源是作为时间点和耗费的时间段的资源含义。在这个时间资源意义上的资源往往也是稀缺的重要资源。比如产品中所耗费的劳动时间，产品的上市时间（T），订单交货时间等。

6.4.1 生产劳动时间资源的替换

交货时间资源的及时性，就要求各生产阶段所耗费的时间尽可能缩短在规定时限内。为争取生产劳动时间的节省，最主要就会采用更先进的生产工艺和生产装备。一般情况下,自动化、信息化程度更高的生产工艺和生产装备的使用替代老的工艺和装备,或者是直接替换了人的手工劳动。这种替换不仅是装备和人力资源的替换,也是知识和技术资源对时间资源的替换。尽管新技术、新装备需要耗费人力资源研制和生产,但其替换应用后所降低的成本和缩短的时间将获得更多效益。

在非生产领域,如文艺、教育、医疗、消费等领域,时间资源的耗费同样可以采用知识和技术资源进行替换,总体上节省时间资源。

6.4.2　新品开发时间资源的替换

新产品开发时间、上市时间的竞争是全球化、信息化时代下最激烈的竞争。如何缩短开发和上市时间,有着许多战略方针。在决策时,往往可以考虑某些可以购买的知识产权和部件,可以采用购买形式,以缩短自己研发研制所需要的较长周期的时间段。而对无法购买的核心知识和技术,必须提前配置相关知识和技术,加紧开发,这其中应该分析清楚。

6.5　资源节约

前面所分析的资源替换的目的,首先就是为了节约稀缺资源,降低成本,提高效率。通过技术手段来节能、节料、节省时间等,都是在节约资源。所以,技术发展的一个强大动力是资源节约。

现代生产和制造技术在信息化、智能化中发展,也促使产品向小型化、微型化发展。这种小型化、微型化的技术也是用减弱资源的耗费,实质是资源节约的问题。

6.5.1　节电

电能是相对清洁安全的能源,但其普遍使用耗量巨大,节电技术是资源节约的重要方面。节电技术已经成为专门的领域,也形成许多分支。已经推广的技术也较多,但还不是十分普及。

（1）照明节电

推广采用节能灯已经延续好多年了，国家已经规定了原则上不再生产靠灯丝发光的白炽灯，但在部分地区执行尚较滞后。老式日光灯的镇流器改造替换是从提高功率因数的节电，但推广还不够。光控、声控和红外控的照明系统可以节省大量无人灯耗费，近年推广较多。

（2）电源节电

在电气化、电子化普及的时代，各种生产生活应用装备和设施都以电作为能源提供者，而且都使用安全的低压电和直流电源为主。这些电源每个产品的节能效果的提高，对社会整体电能的节省意义很大。家用电器和台式计算机等已经普遍使用开关型电源和变频电源工作，节电成效巨大。数字化装置的工作电压从用来 5 V、12 V 的基础电压，降为 3.3 V 及以下，不仅节电能，而且大大压缩体积，节省材料。

6.5.2　节水

在前面分析水资源替换实际就是节水技术。在供水、用水的许多领域，节水技术一直在研究和发展。

6.5.3　节能建筑

传统的古建筑都有耗能少，保护环境的功能。现代建筑追求高、大、亮、华，耗能极大，有统计城市建筑和亮化等公共耗电往往超过了生产线用电。这些建筑内的照明、电梯、管道、安防系统的耗电一直难以下降，而空气调节更是耗电无数。在推广智能建筑中，节能型建筑标准一再出台，但是否被严格执行，不得而知。由于大量高层建筑的发展，其楼内电梯不可缺少，由于长期采用新型建材和提高使用面积的做法，大多数建筑的保温隔热性能很差，浪费的空气调节能量巨大，其实质还影响整个城市小环境气候。加强节能建筑的标准制定和严格执行实际是亡羊补牢的最后机会。

6.5.4　价值工程和低成本战略

企业在产品市场竞争中采用低成本战略曾经成为后发展企业的主要做法。如何降低产品成本有着许多方面的策略和技术可以挖掘,但节约源材料和部件的成本成为最流行的做法,而日本企业首创推行的"价值工程"成为从产品生命周期出发的系统型战略。

价值工程,就是在产品设计中增加一项价值设计贯穿始终。其中,当设计进行到产品材料、部件、配件选用设计时,**必须注明每项所选材料、部件、配件的成本价和使用周期。然后被设计信息都要反馈到价值工程师确认,价值设计工程师会根据所选材料、部件、配件的使用生命周期的匹配程度要求,返回各设计者要求重新选用设计,以求产品中各部分的生命周期尽可能匹配一致。**例如,电视接收机整机设计,选用显示屏寿命十五年,而选用的电源模块寿命三十年,选用的高频头寿命十年。而该电视机总体设计寿命是十五年,这样价值工程师就会要求各部件重新设计,要求选用高频头和显示屏的寿命要超过十五年,电源模块也只需超过十五年的寿命。当年日本产品经过价值工程设计后,价格优势几乎所向披靡,大量占领欧美市场和亚洲市场。实际其产品耐用品质是有所下降的,许多产品一旦出现维修后实际就进入报废阶段,因为修好这部分后其他另外部分也很快会有故障。但价值工程作为节约资源的系统设计保障,还是被普遍采用推广了。

象早期温州小商品模式的材料成本节约模式,就是牺牲了品质而节省资源成本的,是不可取的。当时大量仿制品牌小商品,将原用的金属等材料普遍减薄减少来仿制,在市场很难识别真假,价格便宜很多。现在此类产品在电池等商品市场还大量存在。

6.5.5　节省材料和生产时间的 3D 打印

在智能制造技术和成型技术等发展推动下,3D 打印技术被越来越广泛应用。采用该项技术不仅能充分利用材料,节省材料。还缩短了生产流程和设计生产周期,解放了大量劳力。这是节约包括材料资源、生产装备资源、场地空间资源和人力资源的节约型制造模式,是制造业的极大进步。可以预料,该技术将不断扩展应用领域,形成宽泛的新的产业前景。

6.5.6　节约就是充分利用已有资源

前面已经分析资源替换的本质基本是为了资源节约,减低成本。而资源节约还可以有哪些根本途径,根本措施呢? 在实践中,充分利用已有资源实际就是最根本最简单的资源节约途径。在现代生产和科研中,充分利用已有的信息资源又是必须重视的潜力巨大的资源节约途径。下面个简化的例子来分析说明。

问题:在 1 000 桶进口牛奶中有一桶被染毒,现在动用小白鼠试吃检测,每次检测需要 15 分钟出结果。试问要动用至少多少小白鼠才能在一个小时内检出毒桶?

解决方案一。因为只能进行四批检测,所以根据方案试组,至少需要七只小白鼠参与试验。其四批次的方案可以有几种。比如按照下表:

表 6-1　检测毒桶方案一

批次	分组	每组桶数	会毒死数	检出桶数	吃法
1	8	126	1	126	留下一组,其余由 7 个白鼠每个吃一组的桶
2	7	18	1	18	留下一组,其余由 6 个白鼠每个吃一组的桶
3	6	3	1	3	留下一组,其余由 5 个白鼠每个吃一组的桶
4	3	3	1	1	留下一个,其余由 2 个白鼠每个吃一桶

也有根据上述方案思路用公式求出 $(x+1)x(x-1)-1 > 1\ 000/L$ 的 x 最小解为 7。式中 L 取 3 或 4。

解决方案二。实际方案一中没有对已有条件充分利用,对于需要参与的小白鼠不高多少只,都是可编序的,这个序号就是可用的先验信息。于是方案选动用 6 只小白鼠参与测试。其中第一批次的方案是把 1 000 个桶分成 20 份,每份 50 个桶,分别给编号为 1,12,13,14,15,16,2,23,24,25,26,3,34,35,36,4,45,46,5,6。六个白鼠的编号也是 1~6,每个白鼠要吃遍具有自己号码的桶,比如 3 号鼠应该吃 3,13,23,34,35,36 各桶。最后根据检测是哪几号白鼠中毒而决定哪份桶中有毒。然后后面三批次类似第一方案进行。如表 6-2

表 6-2　检测毒桶方案二

批次	分组	每组桶数	会毒死数	检出桶数	吃法
1	20	50	2	50	20 组编号,6 个白鼠每个吃有自己号的一组的桶
2	5	10	1	10	留下一组,其余由 4 个白鼠每个吃一组的桶
3	4	3	1	3	留下一组,其余由 3 个白鼠每个吃一组的桶
4	3	3	1	1	留下一个,其余由 2 个白鼠每个吃一桶

　　解决方案三。从方案二可用启发实际对 1 000 个桶也是有序可用的,对其编码排列就有新的方案三,只需要动用 5 只小白鼠就可以检测出毒桶。给小白鼠编号 0—4,将桶排成五列阵,根据五进制给每行编号从 00000 至 01300。第一批让 0 号鼠吃所有含 0 的行的桶、1 号鼠吃所有含 1 的桶,依次吃了检测。根据检测结果可以排除压缩到符合前两方案的检测范围之内。

　　上述例子说明:客观存在的事物都同时存在着相应的信息。探索事物的本质就是必须利用这些信息,而且越是充分利用信息就离其本质越是近。充分利用信息和更多获取信息是设计试验方案的基本原则。其原因就是信息是可量度的,条件概率大于非条件概率,其信息量值也大。在生物育种选种、防疫普查检测、环境调查、民意调查等领域的试验设计中,应该重视该原理。

6.6　仿真技术的资源替换本质

　　仿真技术就是采用知识信息过程模拟物质运动、社会运动和人的运动过程的技术。仿真所需要的只是知识和信息资源,而仿真所谓的过程模拟实际是替代了原来的物质运动、社会运动和人的运动过程。所以,仿真的本质是资源替换,是资源整个过程的替换。

仿真系统一般有模型系统、算法系统、表达系统等子系统支持构成。对于能用数学模型描述的系统，都可以应用计算机进行仿真。作为分析验证的手段，当设计构造复杂的环境时，或研究自然界、人类社会中漫长的演变过程和不易重复试验的事物时，假如对研究对象本身进行试验，从时间、人力、物力等因素考虑要付出高昂的代价，甚至不可能进行。而计算机仿真可以提供一个模型来进行各种试验。仿真系统还可应用于各种训练工具，如飞行模拟器、核电站操作人员训练器、作战模拟器等。计算机仿真技术作为一门高技术随着计算技术的发展而迅速地发展。其方法学是建立在计算机能力的基础之上的，随着仿真技术的应用领域越来越广，其作用也越来越大。随着知识经济进程的推进，在知识生产、传播和应用中，仿真科研不仅可以验证一些老的知识，也还可以创造一些新的知识，使我国今后的经济建设少走弯路。

本章结语

本章提出生产中成本节约的主要手段是采用资源替换。

（1）很多环境和物质资源的耗费可以采用可再生资源替代，比如稀缺的矿物材料和能源，就可以用木材、竹材或它们的加工品来替换。

（2）时间资源主要涉及新品上市时间和产品生产周期，可以通过购买部分知识、技术或装备资源来缩短研发和生产时间。

（3）产品中许多物质资源的过程可以采用电子信息数字化过程替换。典型的硬件的软件化就是这类替换，替换后不仅能节省稀缺的昂贵的物质资源，还能够提高产品品质。

（4）客观存在的事物都同时存在着相应的信息。探索事物的本质就是必须利用这些信息，而且越是充分利用信息就离其本质越是近。充分利用信息和更多获取信息是设计试验方案的基本原则。

（5）计算机仿真是利用知识和信息资源替换原来所需要物质资源耗费运行的重要过程，仿真的本质就是资源替换和资源节约。

7

资源运动规则

本章主要内容

本章分析了资源运动的集成性、熵补性和生态性规则。对资源的生态问题作了一些探讨。

资源具有客观存在性，也具有客观运动性。前面分别分析了社会产品生产中资源的变换运动和资源的替换运动。和一切运动一样，资源运动应该也是有规则有规律的。

7.1 集成性规则

集成一词属于现代词。至今在西文和中文的解释中尚没有较完整一致的阐述，只是作为一个修饰词而简单解释。"集成：指结合，整合，融合，一体化"。而从该词现在实际应用的情况看，其所指意义要深刻得多，包含的范围要宽泛得多。

约定 11：集成不是对事物一般的结合、整合、融合和一体化，是对事物的系统化、有序化、柔性化的趋向和处置。"趋向"是客观存在的规律性发展的走向，"处置"是一类人类进行的有目的的活动。集成处置包括对事物内在和外

123

联所有层次的处置。集成可以有组织集成、结构集成、信息集成、业务集成、过程集成、物料集成、控制集成、企业集成、知识集成、资源集成等层面的工作和研究。

7.1.1　集成与系统化

系统通常被定义为：由若干要素以一定结构形式联结构成的具有某种功能的有机整体。在这个定义中其实表明了系统中的要素与要素、要素与系统、系统与系统等方面的关系。现代系统思想是由系统论提出来的。**系统论认为，开放性、自组织性、复杂性，整体性、关联性、同构性、动态平衡性、时序性等是所有系统的共同的基本特征。**这些也是系统方法的基本原则，表现了系统论不仅是反映客观规律的科学理论，并具有科学方法论的含义。系统是多种多样的，可以根据不同的情况来划分系统的类型。按人类干预的情况可划分自然系统、人工系统；按学科领域就可分成自然系统、社会系统和思维系统；按规模划分则有宏观系统、微观系统；按与环境的关系划分就有开放系统、封闭系统、孤立系统；按状态划分就有平衡系统、非平衡系统、近平衡系统、远平衡系统等等。**从系统思想出发，宇宙、自然、人类社会，都是各类形态不同的系统。**

既然集成是对事物的结合、整合、融合和一体化，那么**集成实质就是加强世界事物的系统化。**对已经存在的系统，集成增强了原系统的系统性程度和系统规模；对于人造处置的事物，比如社会产品、公共设施、服务平台等，集成就是实现和增强其系统化。从集成程度看系统，系统还分成一般系统和复杂系统、巨系统等。系统少不了集成，集成只是一类核心的系统方法。

由于国内外广大科技人员的协同劳动，**我国著名科学家钱学森于 1981 年提出三个崭新的科学技术大部门：系统科学、思维科学和人体科学。**[9]并认为**推动系统科学研究是现代化组织和管理的需要，推动思维科学研究的是计算机技术革命的需要，而推动人体科学研究的是开发人的潜力的需要。**在以后这些年的期间，他对这三个领域作出了大量创新性的工作，包括对系统科学进行了开拓，于 80 年代末总结和提炼出来"开放的复杂巨系统"的概念。《自然杂志》1990 年第 1 期发表了钱学森、于景元、戴汝为三人署名的一篇论文：《一个科学新领域——开放的复杂巨系统及其方法论》，首次向世人公布了这一新的科学领域及其基本观点；对于自然界和人类社会中一些极其复杂的事物，从系统学的观点来看，可以用开放的复杂巨系统来描述。**处理这种开放的复杂巨系统，在目前只能用从定性到定量的综合集成法。**1992年初，钱学森结合他几十年来参加各种学术讨论会的经验，加上现代新的科技成果，如情报信息技术、人工智能和灵境技术等，提出建设从定性到定量综合集成研讨厅体系，这就使得综合集成法有了一个可操作的具体系统。1992年底他又进一步提出，"要把人的思维、思维的成果、人的知识、智慧以及各种情报、资料统统集成起来，我看可以叫大成智慧工程。中国有'集大成'之说，集其大成，得智慧嘛。"开放的复杂巨系统的诞生有极其重要的意义，但刚开始时并没为广大的科技界所认识。经过六年之后，于1997年1月6日至9日在北京举行了题为"开放的复杂巨系统的理论与实践"的第68次香山科学会议。会议由宋健和戴汝为两位院士担任执行主席。钱学森院士向会议送交了书面发言，参加讨论会的有11位院士和来自全国各地的多个领域（系统科学、数学、物理、生物、化学、计算机、软科学、军事、经济、气象、石油、化工、建筑、材料、认知科学、人工智能、社会科学、哲学等）的近50名专家学者，是一次学科跨度很大的，探讨21世纪科学发展的讨论会。

德国的系统科学家Haken还说过："系统科学的概念是中国学者较早提出来的，这对理解和解决现代科学，推动它发展方面是十分重要的。中国是充分认识到系统科学巨大重要性的国家之一。"由于跨学科研究的趋势越来越明显，到了90年代，通过SFI科学家们的努力，使得复杂性问题的研究变得清晰，而且变得丰富多采。其实，德国著名的物理学家普朗克早就从正面论述应该怎样看待科学，科学是内在的整体，它被分解为单独的整体，不是取决于事物的本身，而是取决于人类的认识能力的局限性，实际上存在着从物理到化学，通过生物学和人类学到社会学的连续的链条，这是任何一处都不能被打断的链条，这真是远见卓识。由于科学还原论具有局限性，复杂性科学需要采用以整体着眼与还原方法相结合；或者按中国人的概括；**需要以整体论和还原论相结合的系统论作为发展21世纪新兴科学的指导。**"从定性到定量综合集成研讨厅"体系的构思是把今天世界上千百万人的聪明才智和已经不在世的古人的智慧都综合起来，研讨厅体系体现了它的构思者在长期的科研实践过程中受益于"讨论班"的心得与经验（有好的学术带头人，能充分发扬学术民主，不论职位高低均能参与讨论，无保留地敞开思想，与众人交流，知错就公开宣布更正。培养人们在众人尖锐质问下，于短暂瞬间阐明自己观点的能力，有这样的学术环境，才能称为讨论班)，及时对当代计算机软硬件环境的重要意义的了解。同时研讨厅体系还体现了把自然科学、社会科学与哲学三者相结合所形成的观点。最后还需要说明，研讨厅体系中的人并不是未加训练的老百姓，而应该是根据我国发展尖端技术的经验，如同曾经培养出来的那种具有高度的科学性——高度的革命觉悟、高度的组织纪律性的人；研讨厅体系中的"厅"并不一定是一个大厅，而是由高速信息网络，现代化的通信设备及计算机的软硬件构成的、使人们共同讨论与解决问题时有身临其境之感的"临境"技术环境。这种"厅"可以有力的提出人的创造力。这一方法的精髓是把人的"心智"和机器的"智能"两者结合起来。这对系统与智能系统的研究来说，是一个带有根本性的转折，从此进入"人机结合的大成智慧"的新时代。把大成智慧工程进一步发展，在理论上进一步提炼成一门学问，就是大成智慧学。它是以马克思主义辩证唯物论为指导，利用信息网络以人—机结合方式，集古今中外知识、大成智慧的学问。创新理论的形成、发展和研究现状自 1921 年熊彼特提出创新的概念以来，创新理论本身不断发展完善，而这一过程又是与世界经济的跌宕起伏息息相关的。其真正实现决定于国家干预的重要性。[19]

所以，集成就是系统化的必不可少的过程，是系统方法的核心。

7.1.2　集成与有序化

有序化是指系统的所有组成元素按照特定的逻辑法则被按序结构的过程。自然科学分析有序化可分为物质有序化与能量有序化。物质有序化实际上就是物质在其结构上的有序化，也称为结构有序化；能量有序化也称为功能有序化。**有序化也逐渐泛化之对生命世界及人类和社会的其他系统研究，都发现了有序化过程。**

（1）人类有序化

人类是复杂大系统，本身就是一种高等耗散结构，其发展过程就是一个有序化的增长过程，人类的有序化可表现为三个层次具体形式：生理有序、行为有序和思维有序。这些有序化调节了人的生理、信息、思维等资源，控制着人的各类资源的运动。

生理有序：是指人类作为生命机体的内部组织依靠功能上的协调作用，实现机体内部的物质、能量及信息的有序交流，共同促进机体的有序化进程。生理有序的发展表现为机体的内部组织越来越精细，分工越来越明确，协调性越来越好，物质、能量及信息的利用率越来越高，对环境的适应能力越来越强。从总体上讲，生理有序可使人有效地适应现有的环境。人类的免疫系统极为复杂，就是整个人体有序化的控制系统。

行为有序：行为是人类机体有目的作用于外界环境的运动，以实现机体与外界之间物质、能量及信息的有序交流。行为有序是在确定的生理有序的基础之上，通过改变机体与周围事物之间的空间及时间特性，来改善机体与外界事物的协调作用，并提高生理有序的实际效果。人类个体行为有序的发展表现为行为动作越来越熟练，速度、力度及灵活性越来越高，动作模式的复杂程度越来越高。

思维有序：是指人类的思维与客观规律的一致性，即客观事物的本质及其运动变化规律在人的头脑中得到正确反应的程度，以实现人类机体与外界环境之间物质、能量及信息的有序交流。思维有序就是人类对客观世界的认识随着人类知识的增长而越来越有效和深刻。

（2）社会有序化

社会是人类总体构成的大系统，其文化、经济、政治各类子系统发展越来越趋于有序化。文化有序化指文化在融合和冲突中逐步走向理论上的系统性、观念上的认同性和文化资源高度集成性。社会的文化和科学技术越来越发达，学科分化与整合越来越复杂。社会行为有序化的发展表现为社会分工越来越发达，社会的行为规范越来越具体化、标准化、广泛化。社会越来越有秩序，人们越来越文明、讲纪律。从总体上讲，行为有序可使人合理地选择环境。

资源经济中使用价值的本质是以资源有序化发展为导向，通过计划调整和控制各种生产要素（生产资料、劳动力和科学技术等要素）的科学长远配置比例，以达到社会资源价值增值的目的，经济领域所增值的财富将越来越按照参与该生产过程的生产要素的价值量比例来进行分配。

政治是通过机制与权力来调整和控制社会运行的。它所要处置的社会矛盾，无不是要解决资源运动中所产生的人们对资源控制权力的矛盾。它受资源观、财富观影响具有协调或破坏社会总体各方关系的不同。政治有序化指政治观将朝有利于社会资源长久有序化发展的政治制度的形成和发展演化。

各类资源的有序化的过程，只是资源在结构和关系方面集成度增强的表现。其增强了资源整合和系统化进程。

7.1.3　集成与柔性化

柔性并不是简单的可变性，而是系统和智慧的可变性。**柔性可以表现在资源系统的结构、关系和过程的三个方面。结构上的可重组性、可扩充性；关系上的兼容性、可用性、可维护性；过程上的可测性、可控性、可制造性、可追溯性。以及整个系统的智能智慧性。**柔性可以是各类资源产品的功能性能指标，也可以是各类制造系统和社会系统的功能性能指标。各种柔性完全是靠集成思想和集成技术才能实现的。

（1）关系柔性

对关系的描述，必然也涉及关系柔性的问题。经典的关系描述都用经典的数理逻辑。即与、或、非、异或等刚性逻辑来表达对象之间的关系，可以建立各类图形描述和数学描述的关系。而实际系统中，特别在复杂系统中，其元素之间的关系以及关系之间的关系往往是具有柔性的、不确定的、非刚性固定的关系。现代计算机和信息技术在分析处理实际系统的柔性逻辑关系中就常常涉及到如何表达处理的问题。

在用图形元表达关系柔性时，可以引入一系列柔性关系图元来表示，由于关系柔性的范围和类型很宽泛，在对不同实际问题的解决中，出现了很多关系柔性的计算机程序表达，通过软件实现这种柔性。这些算法又被称为智能算法。

何华灿著《泛逻辑原理》就把包含柔性逻辑的对象的约束函数规范化描述，分析了各类泛逻辑问题的数学表达和求解。如同对非线性的描述可以用局部线性化分析一样，进行一定范围的分区，可以表述一些特性，但正如线性工具不能描述非平凡状态（奇点、跳跃、突变、极限环）一样，描述渐变的工具不能准确刻划协同、突变、超循环、分形、混沌等决定系统特质的现象。对关系柔性的完全的表达和控制还有许多问题需要解决。[12]

（2）制造柔性

制造业的柔性要求形成了现代工业最显著的特征之一，柔性制造系统（FMS）。美国国家标准局把 FMS 定义为："由一个传输系统联系起来的一些设备，传输装置把工件放在其他联结装置上送到各加工设备，使工件加工准确、迅速和自动化的中央计算机控制的机床和传输系统。"柔性制造系统有时可同时加工几种不同的零件。国际生产工程研究协会指出"柔性制造系统是一个自动化的生产制造系统，在最少人的干预下，能够生产任何范围的产品族，系统的柔性通常受到系统设计时所考虑的产品族的限制。"中国国家军用标准则定义为"柔性制造系统是由数控加工设备、物料运储柔性制造装置和计算机控制系统组成的自动化制造系统，它包括多个柔性制造单元，能根据制造任务或生产环境的变化迅速进行调整，适用于多品种、中小批量生产。"所以，柔性制造就是指具有柔性生产各类不同产品的自动化生产装备或生产线。这种生产装备不仅能分时生产不同的产品，还能同时生产不同的产品。比如生产卡车和货车的不同部件甚至同时装配。生产装备甚至易于改装重组，调整工艺而生产不同行业的产品。比如原来生产肥皂的生产线，易于调整而改为生产巧克力。这种 FMS 系统的柔性是由各部分各类柔性功能集成而实现的。

机器柔性，系统的机器设备具有随产品变化而加工不同零件的能力；

工艺柔性，系统能够根据加工对象的变化或原材料的变化而确定相应的工艺流程；

操作柔性，系统能适应不同操作人员的操作特点而完成同样的工艺要求；

更新柔性，产品更新或完全转向后，系统不仅对老产品的有用特性有继承能力和兼容能力，而且还具有迅速、经济地生产出新产品的能力；

能力柔性，当生产量改变时，系统能及时作出反应而经济地运行；

维护柔性，系统能采用多种方式查询、处理故障，保障生产正常进行；

扩展柔性，当生产需要的时候，可以很容易地扩展系统结构，增加模块，构成一个更大的制造系统。

软件柔性的定义和分析，软件以静态和动态形式存在。静态形式是软件的"形"，是软件没有运行时的形式，由静态程序代码、静态数据及其相关资料构成；动态形式是软件的"态"，是软件运行时的形式，由运行时的进程、线程、控制流和数据流等构成。人们能够保存的是软件的"形"，能够利用的是软件的"态"。"形"决定"态","态"也会改变"形"。软件在保持基本特征不变的条件下,在外界的作用、刺激和驱动下,其形态能够进行平稳和协调变化的特性质称为软件的柔性。将外界对软件的作用、刺激、驱动称为软件形态变化的外力。它来源于外界操控软件的力量,包括使用人员操作和控制软件的能力、修改代码的能力和环境的影响力等;软件的形态变化包括系统框架、代码、数据、功能、处理内容、方法、行为和界面等的变化。软件的柔性也可称为外力作用下的形态变化能力。

(3) 产品柔性

产品柔性不是指产品生产的柔性,产品生产的柔性已经在制造柔性中分析了。产品柔性是指所有社会产品具有的使用柔性,包括产品全生命周期内的可用性、可扩充性、可配套可组合性、可维护性、可更新性等一系列柔性指标。产品柔性是产品品质的全面体现,是客户的最基本最重要的要求,满足客户需求所要满足的主要不是一定的数量和价格,而是客户所要求的品质和服务。

前面所述生产装备和生产线也看作一类产品的话,柔性制造装备的柔性就是这类产品的柔性需求。而更多的消费类产品,随着人们需求的个性化、多样化,实际就体现在产品的柔性上面。所谓定制型产品,也就是对柔性很强的产品可以方便由厂家定制,或者甚至由用户自己来"自助实现"(DIY)来实现一个满足要求的产品。随着产品使用个性化的发展,这种 DIY 方式也越来越普及。

要实现产品柔性关键也是需要集成思想和集成技术。柔性产品从设计到生产,再到配送给用户、售后服务等,都是有集成度极高的平台,将用户需求、企业资源信息、协作企业信息等系统高度集成起来,才有利于实现柔性产品的生产的。

7.1.4　资源运动的集成性规则

社会生产和社会消费是主要的资源运动。在前面分析社会生产中间和社会产品需求之间的系统化、有序化和柔性的实现,都必须在集成思想、集成技术和集成平台之下实现,而集成本身也是系统思想的重要部分。所以,资源运动必然是会在集成性方面前进的。这种集成思想、集成技术和集成平台就是资源运动的集成性规则。

（1）企业集成系统

一般把企业集成分成信息集成、过程集成和企业集成三个层次。

1）信息集成

不是简单地把收集信息集中。是指系统中每个部分在运行的每个阶段，都能将正确的信息，在正确的时间、地点，以正确的方式传给需要该信息的人和部门。

2）过程集成

有上、下游过程间的集成和平行过程间的集成。要求目标一致，互联互通，语义一致，可以互操作。

过程集成就是在完成信息集成的基础上，进行流程之间的协调，消除流程中各种冗余和非增值的子流程（活动）、以及由人为因素和资源问题等造成的影响流程效率的一切障碍，使企业流程总体达到最优。并行工程就是一个典型的过程集成的例子。

3）企业集成

有企业内和企业间的集成。它可以不断深化，从互联性到互操作性，到语义一致性，到会聚集成。企业集成涉及到把所有必需的功能和异构的功能实体联接在一起，促成跨越组织边界的信息流、控制流和物流更顺畅，从而改善企业内的通讯、合作和协调，使得企业运转得象一个整体。由此提高其整体的生产率、柔性和应变管理的能力。

企业集成要求沿着产品供应链方向上同类或互补企业之间为追逐共同的市场机遇而形成虚拟企业（动态联盟）之间的集成。企业集成也可以理解为在虚拟企业之间实现的信息集成和过程集成。所要集成的企业中不同成份的功能实体包括信息系统、设备装置、应用软件以及人。不同的企业合作或联盟方式，将极大地影响为达到集成的目的所采取的计算机技术和管理方式。企业之间进行合作的方式主要包括企业兼并或企业控股、合资、供应链管理、政策性或技术性松散联盟、虚拟企业联合过程中没有明显的相互竞争等。自组织能力是一个起核心作用的先决条件，其优势就在于柔性和适应性，充分利用了协同工作的潜力。

会聚集成是集成的最高阶段,产生新的技术能力的新的经营过程,将知识封装到新的经营过程和使能技术中。例如:在波音 777 研制中,238 个团队联合,无物理样机,只有协作平台数字化样机进行了完整试验和测试,就直接成功制造出商品机。[7]

4) 知识集成

是基础性、支撑性的工作,又是贯穿全系统、全过程的工作,所以,企业集成系统建设项目的首要基础工作是知识集成。如:在调研阶段中,应该认识到调研的目标不仅仅是信息的收集,而是知识的集成。调研设计中就应该注意涉及各类知识的面的问题和调研对象的知识结构的问题,调研问卷设计就应该按知识分类和分层深入。建设协同调研环境,利用项目知识库等工作,将更好地支持调研工作的开展。在生产和建造等过程中,知识集成作为各类工艺、技术、材料和高度运输等资源及能源资源的总体性能性状的检测和控制手段的应用,能够提供智慧优化的决策方案和实现路径。在成品或半成品配送和销售服务中,知识集成可以进一步节约成本、提高效率,提升服务质量。

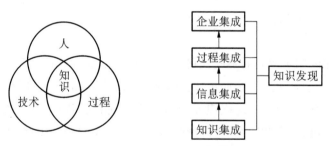

图 7-1 企业系统集成过程

(2) 系统集成技术

主要体现在几个方面:

1) 互联性

这是实现集成的基础,就是要使各种各样分立的设备、各种单元技术能通过接口连接起来,实现互联。

2）互操作性

系统的各个组成部分中有关联的各应用软件与技术功能,能够互相发出对方能理解的指令,去激活相应的功能,共享或修改公共数据库等。

3）语义一致性

在数据单元、术语、含义等方面的一致和合理化。通过数据定义和格式的标准化,提供给用户的就是一个该组织数据一致和正确的视图。

4）会聚集成

这是系统集成的最高阶段和最复杂形式,它包含了将技术与流程、知识以及人工效能之间的集成。会聚集成将使组织具有对市场机遇快速应变的能力和对本身重新配置的能力。使得集成系统能提供功能和技术的兼容性,如可以在任何水平上以及应用任何技术实现集成。所有企业范围的应用软件和计算环境,都可以针对各种不同的需要而改变规模,可以通过快速配置和剪裁相应的技术和应用软件实现某些特殊功能。企业范围的数据、存取数据通道和应用系统是标准化和统一定义了的。会聚能产生质的飞跃并使企业大大受益,但要经过艰苦的创造过程。在形成会聚过程中,先要自觉地意识到市场竞争的压力,逼着自己对原有技术、原有的各种关系进行创造性的破坏才能有创造性的组合和创建。

（3）系统集成行业

系统集成作为一种新兴的服务方式,是国际信息服务业中发展势头最猛的一个行业。系统集成行业就是做最优化的综合统筹设计,一个大型的综合计算机网络系统,系统集成包括计算机软件、硬件、操作系统技术、数据库技术、网络通讯技术等的集成,以及不同厂家产品选型,搭配的集成,系统集成所要达到的目标是整体性能最优,即所有部件和成分合在一起后不但能工作,而且全系统是低成本的、高效率的、性能匀称的、可扩充性和可维护的系统。系统集成商将为用户提供从方案设计开始,经过产品优选、施工、软硬件平台配置、应用软件开发,到售后培训、咨询和技术支持等一揽于服务,使用户能得到一体化的解决方案。系统集成行业的系统集成工作可以分为产品技术服务型、系统咨询型、应用产品开发型、设备系统集成型和应用系统集成型等。

每一个系统集成厂商对系统集成的概念都有自己的理解,虽然侧重点不同,但本质上是相同的,都是按照用户的需求,对众多的技术和产品合理地选择最佳配置的各种软件和硬件产品与资源,形成完整的、能够解决客户具体应用需求的集成方案,使系统的整体性能最优,在技术上具有先进性,在实现上具有可行性,在使用上具有灵活性,在发展上具有可扩展性,在投资上具有受益性。系统集成已经成为提供整体解决方案、提供整套装备、提供全方位服务的代名词。

系统集成需要在纵向持续深化、横向不断整合的基础上,为客户在产品级上提供个技术标准匹配、技术接口完整、技术装备合理、工程造价经济的解决方案,所形成的系统应是先进的、开放的、资源共享的。

广义上讲,系统集成包括人员的集成、组织机构的集成、设备的集成、系统软件的集成、应用软件的集成和管理方法的集成等多方面的工作。狭义上讲,系统集成就是系统平台的集成。系统集成应用功能集成、网络集成、软件界面集成等多种集成技术。系统集成实现的关键在于解决系统之间的互联和互操作性问题,它是一个多厂商、多协议和面向各种应用的体系结构。这需要解决各类设备、子系统间的接口、协议、系统平台、应用软件等与子系统、建筑环境施工配合、组织管理和人员配备相关的一切面向集成的问题。

(4)系统集成要素

1)客户行业知识

要求对客户所在行业的业务、组织结构、现状、发展等有较好的掌握。

2)技术集成能力

即从系统的角度,为客户需求提供相应的系统模式,以及实现该系统模式的具体技术解决方案和运作方案的能力。这方面国际和国家各级技术监督标准管理就是技术集成的重要支撑。比如异构系统的连接标准,通用配件和零件标准,操作规范等。

3)产品改进能力

对供货商提供产品的性能、技术指标应有全面的掌握,并能够对其性能进行适应性改进。

4)系统评价技术

应能够对所提出的系统方案的性能及可靠性、可用性、可维护性和安全性,以及与其他系统的匹配性兼容性和对环境的影响进行量化的评估。这些评估将贯穿于整个项目的生命周期。目前这方面的技术发展的国际集成程度还较差,不同世界主导口间竞争冲突较多。

5)系统调试技术

为单系统调试和系统间的互联、互通调试提供标准、内容、程序及技术手段。

整个资源运动的集成早就不是一类思想层面的东西,而是普遍的认识,普遍的规则。由于集成的普遍应用,集成已经成为一类独立的行业了。

资源的集成性规则就是说资源运动总是向着结构有序、柔性和系统性增强的方向发展。资源的集成性主要是解决了资源产品生产中,产品的品质提高的问题和整体运行效率的问题。

7.1.5 资源运动的集成性规则的应用

资源系统的集成性工作是资源分析方法应用的基础,任何单位部门(包括企业、事业、行政等)进行顶层设计,总体规划,都必须从这项基础工作做起。集成性规则的分析应用一般可以从以下步骤进行。

步骤一,进行知识资源集成建模。将与本单位部门相关的一切内外部知识进行集成建模,包括知识可视化模型和相应信息库模型。每项知识注明来源、属性与用途。

步骤二,进行物质资源和信息资源集成建模。物质资源主要对固定资产和流动物料及输出产品物分类建模。信息主要是在工作流程中流动各类人财物、进销存、检测与控制等表达内容。在全面调研、上下沟通的基础上将与本单位部门相关的一切内外部信息进行集成建模,包括知识可视化模型和相应信息库模型。每项信息注明来源、属性与用途。

步骤三,进行业务过程集成建模。将本单位部门各类业务工作,特别是产品与服务的设计决策过程、生产及工艺过程、监管与控制过程、销售与服务维护过程等,以及过程中的信息流、资金流、控制流、物流等进行集成建模,包括知识可视化模型和相应信息库。模型一般可以分级展开细化。这类模型本身就已经成为重要的知识库的内容。

步骤四,进行组织集成。包括企业集成、部门集成等。针对各组织或企业间关系进行分析建模。

步骤五,分析上述各类模型集成程度和实际运行中的集成程度关系,完善专用平台建设,对过程效率的提高,进行过程重构和完善修改。

7.2 熵补性规则

7.2.1 物理的熵

熵最早是物理学界用来描述物质世界的能量从密度高的地方向密度低的地方扩散运动的能量的耗散趋向。典型的是热量的这种单向运动性质,会导致整个世界越来越均化热量而变得越来越冷,称为"热寂"。所以这种概念的熵也可以称为**能量熵**。

但能量也是一种物质,从物质不灭到能量不灭说明能量的耗散也只是一种转换。这就进入到对整个物质运动的被耗散的单向性表达的熵,称为无序性。有序度是用来表征物质结构中同一层次上有序程度的一个参数。而熵增即是物质无序性的增加。

限于人类至今只看到分析了可见世界,宏观上这个世界的物质运动总是一些有限的物质能量向无限的时间空间进行扩散的单向性的。人们还不十分清楚黑洞的机制和不可见世界的运动情况。这样,世界好像会趋于衰弱,宇宙趋于冷寂,结构趋于消亡,无序度趋于极大值。这是一种物质世界在时空之上的一种结构运动单向性的描述,**也可以把这种表述无序性的熵称为结构熵。**

7.2.2 系统的熵

系统科学的创始人贝塔朗菲把系统分为封闭系统和开放系统。现代系统科学从系统与环境的关系出发,把系统分为孤立系统、封闭系统和开放系统。

(1)所谓孤立系统是指与周围环境不发生物质、能量和信息交换的系统;任何一个孤立系统,如果不与环境进行物质、能量和信息的交换,由于系统内部要素的相互作用而不断地消耗物质和能量,系统的发展过程就会成为不可逆的过程,必然走向无序和混乱,最后趋于退化和瓦解。宏观上这种绝对孤立系统是不存在的,但可以人为实验构造这样的系统。

(2)所谓开放系统。是指系统与周围环境直接进行无约束的、自由的物质、能量和信息交换的系统。这类系统是时空无界的理想系统,现实世界中也是不存在的。但是构造这种系统对研究现实世界各种系统是有用的。现实系统与环境进行物质、能量、信息交换总是受到某种约束与控制。因为现实世界中的物质、能源和信息资源总是有限度的,所以实际交换中那些约束与控制是否合理就有研究。这类系统具有大量未知输入和不可预测扰动,具有无限层次的内部实体结构和自组织、自学习、自适应等能力,实际是一种机制。

(3)所谓封闭系统又称为相对孤立系统。它与环境进行物质、能量、信息的交换不是自由的,而是受控制的系统。系统的输入是已知的,系统实际介于孤立系统和完全开放系统之间。[5]

由于系统思想被广泛用于自然科学和社会科学,目前社会科学所用"封闭系统"接近于第一类孤立系统,所用开放系统,接近于第三类封闭系统。

人类的创新活动必须不断地与外界环境进行物质、能量和信息的交换,因而是一个开放系统。根据系统论的思想,封闭系统从环境中输入能量以抵消系统内部的熵增趋势,因而使系统能够保持它的有序结构,形成既无进化又无退化的平衡态结构。开放系统,不断地从环境输入能量和信息,能够使系统维持原有的有序、结构和稳定,而且还可以由于输入的增多,对原有系统形成偏离、涨落、扰动,当达到一定的阈值时,系统逐步离开平衡态原有的结构失去维持自身的能力而瓦解,被新的结构所代替,形成了新的有序化和稳定态。

以达尔文的进化论为基础的进化观念体系,认为社会进化的结果是种类不断分化、演变而增多,结构不断复杂而有序,功能不断进化而强化,整个自然界和人类社会都是向着更为高级、更为有序的组织结构发展。生物机体是一种远离平衡态的有序结构,它只有不断地进行新陈代谢才能生存和发展下去,因而是一种典型的耗散结构。人类是一种高度发达的耗散结构,具有最为复杂而精密的有序化结构和严谨协调的有序化功能。**从系统论出发的结构的有序无序定义的熵,还是结构熵,但可以称为系统熵。系统熵有正也有负,是指系统化的程度。**

现代科学还用信息这个概念来表示系统的有序程度。信息本来是通讯理论中的一个基本概念,指的是在通讯过程中信号不确定性的消除。后来这个概念推广到一般系统,并将信息量看作一个系统有序性或组织程度的量度,如果一个系统有确定的结构,就意味着它已经包含着一定的信息。这种信息叫做结构信息,可用来表示系统的有序性;结构信息量越大,系统越有序。称为信息熵。因此,信息熵意味着熵减或熵的减少。

7.2.3 资源的熵

(1) 系统与外部交换的都是资源

系统与外部交换的物质、能源、信息都是资源,而且是基础资源。这些物质、能源在系统运动中的熵增,也就是这些硬资源的熵增。信息的熵减也就是这类软资源的熵减。

(2) 资源的熵

其实,在所有事物发生的同时,信息就产生了,就是一种客观存在了。熵作为一种量的测度,可以用于结构上的有序性,也可以用于能量的热能数值上,也可以用于不确定性的的减少上,也可以用于知识量的增加上等等。而作为统一的资源而言,其最一致的属性是"有用性",其统一的量应该是有用性程度,也就是资源总体的价值量。

约定 12:资源的熵增应该是资源总价值的减少、被耗费,资源的熵减应该是资源总价值的增加,量增多。

7.2.4 资源运动中的熵补性

(1) 信息资源和社会资源的熵减性

信息资源和社会资源都具有熵减性。首先是其总量总是积累增加单向发展的,不会减少;其次这些资源发展是趋向集成有序化,柔性增强,有用程度增强,使用价值不断提高的。知识资源是信息资源中很大一块,人类的知识是人类认识世界的积累,随着对物质世界认识的深入,人类所发现和发明的物质资源也越来越多,越来越广,其中包括对新的资源的认识和对同一物质新的用途的发现。同时,人力资源本身也在知识的发展中有量的增加和质的提高,整个社会资源、社会关系也同时向前发展,使用价值增加。

(2) 物质、能源和人力资源的熵增性

物质能源资源都有被耗费的特性。燃料被燃烧,空间被占据,水被用来灌溉、洗涤和饮用,纸张被印刷、写字等。金属材料、塑胶材料虽然可以被回收,但在使用中也有被氧化、磨损等消耗。人力资源中人类劳动力在使用消耗后要恢复,年老后要有后代更新,也是一种耗费性资源。所以,物质、能源和人力资源的耗费,使资源总价值量耗费、减少。

(3) 社会生产(资源变换与资源替换)中资源的熵补性

约定 13:两类不同熵性的资源在资源运动中同时存在时总是可以结合互补,也必然会结合互补的,称之为:熵补性。这是资源运动的又一规则。

在社会生产系统这种开放性系统中,资源的运动主要是资源变换和资源替换两种形式。资源变换运动是为了增加输出具有一定品质的产品资源的数量。资源变换过程是外部输入和环境的物质、能源、人力资源变换成系统输出的产品资源的量。其过程中物质、能源、人力资源都被消耗和损耗,是资源的熵增。

而如何使生产过程资源熵减进行最大程度地补偿资源熵增主要体现在两个方面。

第一方面是体现在输出产品资源价值的提升,这个提升主要是设计开发劳动实现的。通过设计开发劳动大量知识资源的投入,提高产品资源的品质(主要是集成度)而提高产品资源的价值,又通过设计开发劳动大量知识资源的投入大大提高生产品的出率。品质提高和数量增长都提高了输出产品资源的总价值。

第二方面是通过资源替换尽可能地降低物质、能源、人力资源的消耗,降低资源熵增。这种替换主要是使用信息资源过程来替代生产中的物质和能量耗费过程,用信息和知识资源替换、替代物质和能源资源。所谓节约资源,其实就是这种熵减性资源对熵增性资源的替换。所有现代信息技术、科技创新的应用的本质,几乎都是在进行这类资源替换。大数据的应用、数字化设计和数字化样机试验测试,极大地避免了大量物质和人力资源投入的设计过程耗费和物质实品样机的耗费。这种资源替代实际上还大大节约了时间资源的耗费。时间资源也是典型的熵增性资源,所有运动过程都进行着时间资源的耗费。

在信息类产品的社会生产中,虽然物质形态的输入资源相对较少,但在资源替换中同样存在应用熵减程度更高的信息和知识资源替代熵减程度较低的信息和知识资源的过程。比如软件提升就是软件资源熵减的提升等。

(4)社会流通与消费中资源的熵补性

产品资源的社会流通和消费是资源运动的第二大领域。在流通和消费的资源运动中间,产品资源的使用价值并不再增加,而只是使得其更好地被实现其使用价值。

在流通和消费中,还需要一些外部输入的物质、能源资源来帮助实现流通和使用。比如市场和交易需要场地与管理、运输与配供就需要交通运输资源,家用电器消费使用需要消耗电能资源,食品享用需要烹调资源等。这些物质、能源和人力资源纯属是被消耗的,是资源的熵增,也称为流通成本、交易费用等。如何尽量采用信息和知识资源替代这些流通、消费中的资源熵增? 也是资源运动值得关注研究的问题。当然,同样可以通过信息和知识资源来熵补那些熵增的资源。比如流通和交易通过大数据及相关网络虚拟平台实现,就可以替代掉很多场地、中间商、市场管理、中间运输等耗费,更快、更便捷、更省、更准确地实现资源产品的直接用户配送消费。

(5)资源熵补性直接体现了复杂系统的特性

复杂系统理论认为复杂系统有着一些自组织、自学习、自适应、自熵减的特性。协同论、突变论和超循环论等现代自然科学理论都是从生物分子的结构特征、组织形式及其动力学特征等微观领域来探索耗散结构的有序化过程。

钱学森等学者把开放的复杂巨系统这一概念定义为构成系统的子系统元素数量非常大,则称为巨系统。如果子系统种类很多并且有层次结构,它们之间的联系又很复杂,这就是复杂巨系统。如果这个系统同时又是开放的,就称为开放的复杂巨系统。系统通过开放性在与外界能量、信息或物质的交换的过程中"学习"或"积累经验",并且根据学到的经验改变自身的结构和行为方式,整个系统的演变或进化,包括新层次的产生、分化和多样性的出现,新的、聚合而成的、更大的主体的出现。

伴随着复杂性科学尤其是圣塔菲研究所的相关研究的兴起,社会科学界开展了复杂系统理论与计算机仿真建模相结合的广泛深入研究,并明显呈现出越来越深远广泛的发展前景。复杂适应系统学派对计算机建模方法的定义是把复杂系统中各个因素之间的非线性关系转化为可执行的程序,以模型程序自动运行的方式推演模拟系统,从而能以简化时间的方式对那些实际中需要长时间演化的系统进行动态仿真。计算机仿真已在工业控制、工业制造、经济社会建模、动态历史还原、人类认知模型、地理信息系统、微观和宏观的仿真试验、科学假说的论证等众多领域广泛应用,已成为一种引发学科新发现的革命式研究手段。就社会科学领域应用的复杂系统建模理论与方法来看,神经网络、多主体建模、遗传算法、微观仿真模型、系统动力学、多层模拟、元胞自动机等都应用了计算机模型。

而计算机仿真本质就是与之相对应的信息技术如硬件的软件化、服务的软件化、服务的平台化等领域,都是在技术方面来做着采用信息这样的熵减资源来替代需要大量物质、能源和人力的熵增资源。六、七十年前的家用电器中,用了不少的继电器、接触器,体积庞大,可靠性差,耗能多;现在都采用可编程控制器,大量的继电器、接触器都被下岗,体积大为缩小,耗能少,可靠性高价格反而下降。

资源的熵的程度也是可以测度的,不同资源的熵的量化可以另作专门分析。

资源的熵补性主要是解决资源产品生产和消费使用中资源及成本的节约问题,通过资源的熵补最大地降低稀缺的熵增资源的消耗。

7.2.5 资源熵补性规则的应用

资源泛化观念直接导致了资源熵补性的分析。在实际应用中应该注意以下几个步骤。

步骤一,在资源集成性应用时做好的知识信息资源、物质资源的集成模型基础上,按照在产品(或服务)过程中熵增和熵减的程度分类排序。

步骤二,分析产品设计过程本身有无可以进行直接完全采用熵减资源替代熵增的物质过程的部分。减少物质型试验和设计过程,如样机、实物试验等,尽量采用数字化设计和试验,采用数字化样机。不断扩充完善产品知识库和产品数据管理(PDM),包括本单位和同业中的已有产品、工艺知识信息库。缩短设计周期。

步骤三,分析新产品构成的物质材料熵增,采用知识信息熵减资源替代。进行机械装置电子化,硬件软件化,软件智慧优化的设计。

步骤四,加强实际工作过程中计划的资源配置优化,提高执行效率。包括工艺效率和管控工作的效率。

7.3 生态性规则

7.3.1 生态学

1886 年,德国生物学家海克尔(H. Haeckel)把生态学定义为"研究生物与环境相互关系的科学"。简单的说,**生态就是指一切生物的生存状态,以及它们之间和它们与环境之间环环相扣的关系。是指生物在一定的自然环境下生存和发展的状态。**生态学的产生最早也是从研究生物个体而开始的。如今,生态学原理已经渗透到各个领域。当然,不同文化背景的人对"生态"的定义会有所不同,多元的世界需要多元的文化,正如自然界的"生态"所追求的物种多样性一样,以此来维持生态系统的平衡发展。

生物的生存、活动、繁衍需要一定的空间、物质与能量等资源。生物在长期进化过程中,逐渐形成对周围环境某些物理条件和化学成分,如空气、光照、水分、热量和无机盐类等的特殊需要。各种生物所需要的物质、能量以及它们所适应的理化条件是不同的,这种特性称为物种的生态特性。

应当指出,由于人口的快速增长和人类活动的干扰,对环境与资源造成了极大压力,人类迫切需要掌握生态学理论来调整人与自然、资源以及环境的关系,协调社会经济发展和生态环境的关系,促进可持续发展。生态学科有着极为宽泛的分类和子学科。

任何生物的生存都不是孤立的:同种个体之间有互助有竞争;植物、动物、微生物之间也存在复杂的相生相克关系。人类为满足自身的需要,不断改造环境,环境反过来又影响人类。随着人类活动范围的扩大与多样化,人类与环境的关系问题越来越突出。因此近代生态学研究的范围,除生物个体、种群和生物群落外,已扩大到包括人类社会在内的多种类型生态系统的复合系统。人类面临的人口、资源、环境等几大问题都是生态学的研究内容。**人类生态学近几十年发展迅速,以人口、资源、环境的关系为主要研究方向。而在泛资源看来,环境也是一类资源,所以人类生态学所研究的就是资源与人的生态关系。**

19 世纪达尔文在《物种起源》一书中提出自然选择学说,强调生物进化是生物与环境交互作用的产物,引起了人们对生物与环境的相互关系的重视,更促进了生态学的发展。到 20 世纪 30 年代,已有不少生态学著作和教科书阐述了一些生态学的基本概念和论点,如食物链、生态位、生物量、生态系统等。生态学已基本成为具有特定研究对象、研究方法和理论体系的独立学科。20世纪 50 年代以来,生态学吸收了数学、物理、化学工程、技术科学的研究成果,向精确定量方向前进并形成了自己的理论体系。

由于世界上的生态系统大都受人类活动的影响,社会经济生产系统与生态系统相互交织,实际形成了庞大的复合系统。随着社会经济和现代工业化的高速度发展,自然资源、人口、粮食和环境等一系列影响社会生产和生活的问题日益突出。国际生物科学联合会(IUBS)制定了"国际生物计划"(IBP),对陆地和水域生物群系进行生态学研究。1972 年联合国教科文组织等继 IBP之后,设立了人与生物圈(MAB)国际组织,制定"人与生物圈"规划,组织各参加国开展森林、草原、海洋、湖泊等生态系统与人类活动关系以及农业、城市、污染等有关的科学研究。许多国家都设立了生态学和环境科学的研究机构。

约定 14:生态其实是生命世界和资源世界之间的基本关系。这种基本关系是使得生命世界各方之间以及和资源世界之间能够持续和谐共生的就是生态的,否则,破坏了它们之间和谐共生关系的就是破坏生态的。这种和谐共生更多地是体现在资源转换链的完整性、系统的自组织、自适应性和生命的周期性上。

由人类活动对环境的影响来看,生态学是自然科学与社会科学的交汇点;在方法学方面,研究环境因素的作用机制离不开生物学方法,离不开物理和化学技术,而且群体调查和系统分析更离不开数学的方法和技术;在理论方面,生态系统的代谢和自稳态等概念基本是引自生理学，而由物质流、能量流和信息流的角度来研究生物与环境的相互作用则可说是由物理学、化学、生理学、生态学、系统科学和社会经济学等共同发展出的研究体系。

7.3.2 资源的生态性规则

生态观念和理论现在也被广泛应用到社会经济、教学教育等各类社会发展系统中间。比如把产品与企业看成一定周期的生命体就有了产品与企业生态的研究。当然也被应用到更复杂的涉及自然界、人类和社会整体的生态研究方面。

资源运动的生态性规则是指在社会生产、社会流通和消费、社会再生产等资源经济生态中，各资源变换链的完整性、经济的绿色可循环性、各产品生命和企业生命的周期性、经济模式与社会文化、政治系统的协调发展性。而这四类生态性条件又是互相关联互相影响的。

（1）资源变换链的完整性

资源变换链的完整性要求是在所有资源运动的资源变换中，都应该有资源的来源和去向。否则资源在此环节就难以持续进行变换。比如对绝对稀缺性资源就应该寻找可替代的非稀缺性资源，尽可能采用可再生性资源替代不可再生的稀缺资源。这在能源战略上最为典型。由于煤、石油等绝对稀缺资源的限制，到上世纪末全球每年燃烧煤约 40×10^8 t，消耗石油约 25×10^8 t，而且还以每年 3％速度增长着，约半个世纪后人类将面临着传统能源的危机。在采用新能源中，消耗装备材料少的可再生的生物资源型能量必须受到重视。比如用乙醇作为机动车等动力能源，而乙醇可以从秸秆、灌木等现在农村、城市大量废弃的生物材料中获取。在稀缺性材料资源上的可再生性生物资源替代不可再生资源的做法也是为了改造传统资源变换链使其更好保持完整性。

资源变换链的完整还包括人力资源变换链的完整，即必须有足够输入资源提供给人力资源，供其自身消耗和人力再生产，而再生产出来的人力必须有其学习培训和工作机会去把人力变换成其他资源。这是严峻的社会问题，涉及到社会分配、社会教育和就业的均衡发展。只有人力资源相关的资源变换链也保持完整可持续了，整个资源生态才可能正常。

（2）产品及企业的生命周期性

生物世界的生命都是有周期性的。但产品的周期性指的是一个产品种类从新品开发、设计、生产、使用、改进、到再次被淘汰更新成另一个新品的周期。资源的运动主要是围绕着形成产品资源、使用和耗费产品资源进行的。一个产品如果没有周期性，一直使用下去，其他相应资源的包括人力资源的发展就也被约束了，资源生态同样不正常。所以，产品都有一定周期性。农产品品种除了自然变异出新品种外，现代有着大量的育种技术包括太空种子培育等方法在培育新品种。而物质产品和信息产品的新品研发速度也是不断加快的，产品生命周期有不断缩短的趋势。这是产品资源生态成熟的体现。

把企业看作生命体，也有生命周期问题。企业以产品资源为生存依托，当产业变化、资源变化时，如果企业的产品生命周期跟不上变化，企业就发生重组和再生，演化成新的企业了。

（3）绿色可循环性

由于自然资源在时间、空间、数量上的有限性，人类在社会一定时期内所能认识和利用的自然资源也是有限的。从工业社会以来对地球上自然资源和生态环境的掠夺和损坏已至极限，出现了资源危机、生态危机。人类对自然资源的认识能力是无限的，但在有限的时空内是有限的。对所需资源的替代能力，以及改造已被破坏的自然资源、开发利用新资源的能力也是相对有限的。自然界的自我修复和人为的修复都需要一定时间周期，人类活动干扰不能超过其净化能力和周期。所以就有提出绿色可循环制造和循环经济的发展问题，人类开始反省过去，思考未来，提出要节约资源、珍惜资源，要坚持从科技发展中解决资源供需平衡的问题。

绿色制造包括绿色制造的理念、绿色产品、绿色制造过程等方面的内容。

1）绿色制造理念：满足产品的功能、品质和成本要求下使产品生命周期对环境的负面影响最小化，资源利用率最高化。

2）绿色产品：满足安全、环境友好和资源节约型的产品。绿色产品还采用绿色包装，可降解可回收处理等技术。

3）绿色制造过程：包括考虑绿色产品的设计过程，采用绿色原材料的采购过程，安全节能、废料自动回收利用、排放安全处理利用的生产过程。每个过程都已经形成了研究方向和相应新的产业方向。

绿色制造理念的推行,还形成了循环产业,即充分利用前道生产企业的排出资源,作为发展后道企业利用的产业,充分利用资源,保护环境。

各类国际组织和各国政府都逐步加强对环境污染破坏的经济制裁法规,作为对资源环境保护的宏观控制,但对某些绝对稀缺资源,不是保护性限采的问题,而是保护性禁采的问题。

（4）经济模式与政治、文化的协调性

资源的有用性虽然有客观存在性,但资源实际运动中的有用性是围绕人进行的,是与人力资源运动和人类社会运动密不可分的。一定的社会制度、文化传统与资源的经济模式之间的关系,影响了社会发展和资源生态。社会主义的文化和政治制度以人民为中心,以资源平等和公有制所有为主体,就从本质上保证以资源生态性为长期目标的经济模式。

由于是以人民为中心,以资源平等为原则,则对待资源必须是考虑未来长远的人民利益和他们对于稀缺资源的权利。所以,发展资源的生态模式、保持可持续发展、扩大绿色制造、提倡节约资源、遏制奢侈和超前消费、消除两级分化等成为主要发展目标和发展模式。中国共产党十九届五中全会通过的中长远发展规划建议就明确提出"逐步实现全体人民共同富裕,坚决防止两极分化。"

如果一个社会主仅以经济效益为中心（即以获取资源转换效益为中心）、以满足不受限制的过度的消费为目标,则难以和资源生态相协调。最终环境污染、资源枯竭、两级分化等破坏资源生态的后果会越来越严重。这样的社会发展模式是无法保证资源生态性的。

这样我们就可以理解资源运动的生态性规则就是指资源在运动中变换链的完整性、协调性,具有一定的生命周期性和趋向绿色安全性。

资源运动的生态性规则是客观规律,顺应规则则发展可持续顺利发展,违背规则则总是要走向危机,甚至在遭遇灾害等变故时出现严重危机。

7.3.3　资源生态性规则的应用

生态性规则实际应用一般在进行了集成性和熵补性应用基础之上进行。

步骤一,重点检查审视所有过程集成模型中资源的输入与输出的充分性、合理性、保障性条件。对紧缺资源、闲置资源和过剩资源作出标注建库。

步骤二,将查出的紧缺资源、闲置资源和过剩资源存在的问题反馈到集成性分析和熵补性分析应用进行解决。

步骤三,分析检验安全性处置流程本身的安全性、完整性和可行性。从顶层开始规范所有安全相关规则,包括产品安全、工艺安全、装备安全、人员安全、资产安全等。

7.4　资源生态

资源生态是分析资源在其生态性规则之下,某些资源具体生态循环关系。其中既有生态性规则影响作用,也有人类对资源运动干预所不利资源生态的分析。

7.4.1　可再生自然资源生态

可再生自然资源就是生物资源,其生态问题是原本生态学所研究的范畴,其生态规律也是生态学最基本的规律。也就是生物各层次之间以及各层次生物于环境之间和谐共生的关系。这种和谐共生更多地是体现在资源转换链的完整性、系统的自组织、自适应性和生命的周期性上。农、林、渔、牧业等是可再生自然资源的主要生产领域,它们都具有严格的生态要求。罔顾这些生态要求,生态规则,必然带来灾难性结果。因为这些自然资源生态中全程都涉及人的干预,而人的知识系统是世界唯一的开放性系统。人的干预就可能破坏生物生态。

（1）新品种培育对可再生自然资源生态的影响

比如人类的育种仅是根据人类获取一定品质特性的生物需要目标而进行,如果基本不考虑新品种在生物生态中的作用影响,特别是对其他生物和环境的影响。比如植物新品种对土壤和土壤微生物的影响、树木新品种对土壤和草皮农作物的影响、动物新品种对水域和植物的影响等等,则必然引起生态性灾害。当今出现的一些生态灾害的原因中,都有人类罔顾生物世界生态的原因。

(2) 环境气候对可再生自然资源生态的影响

环境变化严重影响了整个地球的气候,也直接影响了地球生物圈的所有生物,包括人类利用最多最基本的可再生自然资源。本来因为绝对稀缺的自然资源的约束,人类越来越趋向使用可再生自然资源来替换原来使用的不可再生的稀缺资源。但气候异常和环境污染使得生物资源的生态遭受严重挑战。由于是生态性挑战,所以是一环扣一环,层层都影响的。比如,水域的富营养化,结果使得水域内氧气缺乏,水面浮生植物增加,水底的腐殖层增厚。这样水中游虫减少,氧气和虫的减少使得鱼类减少,鱼类减少又影响鸟类的生态。水域内生态变化还影响到与大气的物质能量交换,影响大气运动和气候。所以,不重视整个地球生物圈的生态问题,只是单纯从发展自己的某类生物可再生资源的话,带来的后果不堪设想。

水产养殖业包括淡水和海水养殖都发展迅速,但对水资的富营养化影响不为重视,对水中氧含量的跟踪检测不重视,对海洋牧场等植物类和动物类生长的关系研究很少。

草原生态更多注意了草种的影响,较少研究山脉森林对气候变化下草原整体的影响。农作物生态中对土壤生态不重视,对昆虫生态和作物生态的关系及气候的关系还有许多急需研究的地方。

可再生自然资源将是人类今后生存和发展依赖的第一类基本资源,而这类资源的稳定可持续发展的制约因素就是生态问题,这个生态又是整个地球生物圈的生态,与人类活动关系密切,应该是整个人类直面重视的焦点。

7.4.2 不可再生自然资源生态

不可再生自然资源有没有生态呢?其实也有。当然主要只是这些不可再生自然资源对自然生态的影响问题,而不是自然对不可再生自然的影响问题。多数不可再生自然资源只是涉及地质变化的长周期形成的资源,还是有转化过程的,人们也有研究再造其转化条件的想法,但远水解不了近渴。作为自然资源,其存在状态是变化的,特别是使用前后往往产生质的变化。不可再生自然能源资源使用后转化为气体排放,影响到大气质量,影响了生态。人类对排放问题的责任推卸只是互相争执之中,难以真正减排和不排。不可再生自然物质资源使用后转化为形态和性质改变的物质。其中有些是加工废料,那是可以有回收技术来形成一类使用上的生态性循环。但更多的是形成长期有害性物质而缺少生态性处置。如放射性、核辐射性处置,有毒化学和生化物品处置,都是越来越困难的生态隐患。大量的建设发展的高层、高架在使用周期后的生态处置几乎没有相应研究和有效工程技术。电子、太阳能等废弃物的处置也是缺少生态路径,至今是以邻为壑,推给人家。

7.4.3 知识资源的生态

经济合作与发展组织的专家们把人类全部知识分为 4 类:① 关于事实和现实的知识;② 关于自然规律和原理方面的知识;③ 关于技能和决窍方面的知识;④ 关于人力资源方面的知识。根据吴季松先生意见还应加上,⑤ 知道什么时间的知识;⑥ 知道什么地点的知识。第①、②是知识体系的主体部分即我们常说的科学知识,是认识自然与社会现象、特征或规律而取得科学基础理论、概念、原理之类的知识;是回答“是什么?”和“为什么”的问题;第③、④是应用方面的知识,包括硬技术和软科学方面的知识,是人们为解决某一问题而创造出来的技术、技能、工具、方案等,回答“做什么”,“怎么做”的知识;第⑤、⑥“什么时间的知识”,“什么地方的知识”,往往人们只当做消息,哪些地方有哪样的新技术,也是重要的知识,技术中介机构就是专门从事这方面服务的。这些构成了完整的知识体系。

使知识不仅和土地、劳动力、机器等物质因素一样成为直接的最重要的生产要素,成为经济增长的关键,而且在一定范围内成为更为重要的、更为直接的主导的生产要素。1986 年美国最有影响的经济学家之一保罗·罗默提出了经济“新增长理论”,到现在知识已成为经济发展的真正资本,知识已成为关键性资源的时代,谁拥有知识,谁就能牢牢地把握发展主动权。技术的不断更新已成为企业保持长期竞争优势的惟一资源,知识型产业正成为一个独立产业蓬勃发展,并将成为 21 世纪产业的核心。如美国 1986 年～1996 年投资回报率最高的 17 家公司几乎全是知识型企业,如生物药业、计算机软件、芯片制造业等。在发达国家现在知识对经济增长的贡献值已超过

70%～80%。

而实际根据①、②的知识,到③、④的知识,再到⑤、⑥的知识之间是存在着一定生态关系的。基础科学知识是技术、技能和工具知识的基本支撑和源泉;而工程应用和社会应用又是基础科学和技术、技能知识的支撑下才能实现的;而新科学学科的发展和新研究方向又来自社会生产和工程实践的应用之中。这就是知识的基础研究→技术研究→应用研究→基础研究的生态关系。这是知识资源的内在生态关系。

从知识资源与外部条件关系看,还有着更广的生态关系。那就是知识的生产、知识的传播和知识的应用之间的生态关系。

(1)第五章中分析了关于知识生产的过程和特点。知识生产主要是通过科学研究活动实现的。目前专业的知识生产的主要部门是高等学校和研究机构,只是研究机构已经呈现多元化建设的状况,除了高校和国家科技部等系列外,各大企业和民营机构等都办起各类研究机构来生产知识。知识生产模式也从传统的假说、试验、论证、再试验、再论证等反复研究证明(或证伪)的一种模式,而又增加了大数据挖掘验证的生产模式。后一种生产模式的需求更明确,生产效率更高,但更多适合社会和与人有关的知识的生产,对自然科学知识仍然需要周期较长的科学实验型知识生产。知识生产都是有人类探索认识世界和社会的需求激励的,尽管有的需求是长期的、长远的。

(2)知识从生产到应用,特别是被广大的人群所应用,必须经过知识传播过程。知识传播的过程主要就是教育和培训过程。基础教育阶段进行了普及的基础知识的传播,高等教育阶段进行了分领域的专业知识的教育传播,研究型教育阶段则完成先进尖端知识的学校和初步进入知识生产过程。实践培训则完成专门技能和技术知识的传播教学。

(3)知识应用阶段是布满于掌握一定知识的人的所有工作过程之中,而且从中发现新的问题,提出生产新的知识的需求。人们所有的实践活动都离不开知识,都在应用知识。现代社会的生产过程就越来越需求具有一个领域以上的综合型知识的人才。

(4)知识从生产到传播到应用的生态过程,都是人作为主体主导的。在知识生产机构中,生产的组织、计划、实施、监管都是人。在知识传播中,传播的主体和对象也都是人。知识传播的效果和效率直接影响到对知识的应用。

所以,人是知识生态的核心,而高等学校又是涉及知识生态三个阶段核心机构。宏观上,高校的科研、教学、服务三大任务,正好对应了知识生产、知识传播和知识应用三个生态过程。而实际其中每个过程中也有相应的知识发现生产、知识传播教学和知识应用的工作需求做。在教学和科研工作中,大概有80％的时间是用于学习相应知识的,其余20％的时间主要是实践验证和试验研究的。在社会服务方面也有20％的时间要用来学习研究,余下再去应用知识。

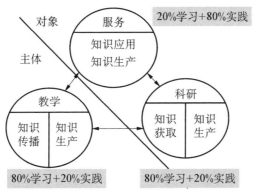

图 7－2　高校三大任务中的知识生态

图 7－1 从知识生态方面表示了实际高校三大任务间的关系和学习在三大任务中的重要地位。这也反映了学习在知识生产和知识生态中的重要作用。学习能力的强弱成为知识生态好坏的条件。培养与训练高校师生的学习能力成为提升高校效率与品质的基础性、根本性要求。

7.5　人源生态

人源即为人力资源,是社会生态的动力,是劳动力的源泉,又是社会财富资源的全部使用对象。作为个体的人是有生命周期的,能提供劳动力的阶段只是人生命周期中的一段,人生命周期的其他阶段主要是耗费社会资源的阶段。人源生态主要就集中在人源所相应的资源链的连续性、均衡性和安全性方面。

劳动力再生产是指劳动者劳动能力的恢复和更新。它包括劳动者自身劳动能力的维持和恢复、劳动技能的积累和传授,以及新的劳动力的繁衍、培育和补充。在生产过程中,劳动者生产某种产品,消耗了一定的体力和脑力,只有经过适当的休息和个人消费(包括吃、穿、住、用等方面的需要),被消费的劳动能力才能补偿。为了提供源源不断的劳动力,劳动者还必须养活自己的家庭,繁衍后代,延续生产新的劳动力。

本书第三章对劳动力生态已用图表达。劳动者的劳动能力即其体力和智力的恢复、更新和发展。劳动力再生产既包括一代劳动者体力和智力的不断恢复、更新和增强,又包括新一代劳动力的不断教育、培训和补充。劳动力是社会生产的一个基本要素,劳动力再生产是社会再生产的基本内容之一。

7.5.1　人源的健康生态

人力资源的价值是基于健康状态的,失去健康就失去了"劳动力"。而作为一类生物体,其健康是其生命力的基本特质,因为生命是基于新陈代谢的生态系统。新陈代谢就是人的生理健康生态。在新陈代谢整个周期中的任何环节出现问题,也即是健康出现了问题。

新陈代谢生态中,食物链、消化系统、排泄系统、血液循环系统、呼吸循环系统、内分泌系统等相互关联,与外部环境交换物质资源。医疗保健和卫生防疫资源保证和控制了人的健康生态异化、恶化的趋向。所以,人源对该两方面资源的平等享用和公益性保障是健康生态化的基础条件。

人源不是一般生物,是有思维和精神状态的生物,所以其精神健康也存在生态问题。精神健康不仅与生理、心理健康相关,而且与其精神趋向和社会文化、意识形态环境相关。真善美实的伦理道德和关心、服务群体的思想趋向,是精神健康的基础条件,也是精神健康的生态动力。

7.5.2　劳动力再生产生态

劳动力是人类社会生存发展的最基本的核心要素。而人的劳动能力是具有周期生态性的。人类社会不断进行着生产和再生产发展的同时,也在不断进行着劳动力的再生产。劳动力再生产的生态必须保证不断孕育新的生命、培育发展新生命的劳动力成长。人类对客观世界的认知是不断向前发展的,不会停止和倒退;社会生产也是是不断向前发展的,不会停止和倒退。社会对劳动力的质和量的需求是不断提高和增长的,这是正常生态的发展状况。

由于对劳动力质量的要求的发展,对新生劳动力的教育培训、智力开发的发展也成为劳动力再生产重要环节。这就要求相应教育和培训资源的生态性发展。所以,教育的公共性和公益性是劳动力再生产生态的必要和充分性条件。由于社会发展对智力劳动需求的快速增长,社会高智力教育和高效率教育成为稀缺资源,成为劳动力再生产的生态硬伤。教育产业化、教育垄断化正在加剧引起这类生态灾害。

7.6 经济生态与经济模式

经济生态是资源生态的重要部分,因为经济本源是要解决资源应用的效率问题,而现代人们认识到资源应用的效率离不开资源应用的生态基础。

7.6.1 全面的经济生态观

(1) 马克思主义的经济生态观

马克思生态经济思想是以人与自然相和谐、社会与生态相协调为价值始点,以生产实践活动为价值中介,并以最终实现人的全面自由发展为最高价值目标的。整合马克思生态经济思想,为我国经济生态化路径的研究提供了方法论指导和理论基础。基于马克思的生态经济思想视角,我们可以分析得出,经济生态化实际上是经济社会发展思路的转变,主张注重保护外部生态环境,对自然资源的开发利用要控制在自然承载力的阈值内,追求经济效益的最大化以及生态效益的最优化,且力促两者的协调发展。经济生态化是先进生产力发展和先进文化进步的必然结果。走经济生态化发展道路是我国破解资源短缺、环境污染以及生态破坏等众多难题的必由之路。如果我们不只是研究经济学中的最简单的问题,那么采用这样一种生态学的观点将是不可避免的,因为它将我们引向复杂性的世界。

(2) 基于现场学习的经济生态现象仿真

Arthur 与 Holland，Blake LeBaron，Richard Palmer，Paul Tayler 曾经一起合作开发了一个计算机仿真程序来研究股票市场的泡沫增长或崩盘这些现象。他们的系统是由很多具有不同理念和期望的代理体(agents)组成,这些代理体依据市场信息的变化,通过归纳的方法不断地学习,从而修正或抛弃自己已有的理念和期望,由此也改变了整个市场。这样的个体的理念和期望对市场来说就成了其内生基本因素,通过相互竞争的个体组成的生态式系统就随着时间而共同进化。这个系统的计算机仿真试验结果解释了新古典经济学所不能解释的一些困惑。一般来说,共同进化、或者适应的结果往往是导致生物体基因的改变,也就是其基因的改变。**但是对于一个生命较长、智能较高的个体,如人和一些高等动物,或者一些社会性的组织,比如一个公司、一个学校、一个国家、甚至是一个大规模的蚂蚁群体来说,更加重要的改变并不是在于他们基因的变化上,而是在他们成长过程中所体现出来的学习行为和学习所得,因此导致的学习和结果也就不一样了。以这样一种观点来指导学习的研究就被称为现场学习,和它密切相关的是人工智能和认知科学的"现场人工智能"和"现场认知"。**

(3) 单纯的经济生态关系

生产、流通分配、消费,是经济活动的三个领域,三个相关过程,其实是形成经济生态链的三个阶段、三个部分。简单而单纯看时,生产过程使得资源的属性改变并完成增值,即资源的使用价值得到提高;流通分配过程使得生产的物品进入交换,实现交换价值,分配确定了流向;消费过程消耗了商品,从而产生新的需求,使得新的生产得以进行。三个环节中任意一个环节运行的不正常而得不到调整处理,都会引起经济生态的破坏,产生经济危机。生产过剩或消费不足都会使得生产效益下滑,甚至生产难以继续,产生危机,这是大家都熟知的。而流通环节不仅实现最终成品的交换,还是原材料、部件半成品、资金货币及其代理品的交换和控制环节,流通不畅会影响消费,甚至影响使得生产和消费的滞涨,引起经济危机,这在资本垄断价格、垄断原料、垄断市场、垄断话语的情况下,也是常常发生的。分配不公,两极分化将影响正常的消费。消费领域的超前消费、奢侈消费、异常消费、异常储备等,也破坏经济生态。应该指出,消费环节应该包括储备,一定的商品、技术、资源、资金的储备,都是有着消费属性的。

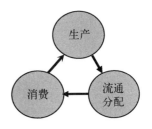

图 7-3　单纯经济过程
生态过程

　　在为了维护经济正常生态中,西方经济学采用瞎子摸象模式,发现问题很多,对应做法很多。往往以出口、投资和刺激消费三驾马车为促进生产和经济增长。有以销定产、以销促产,有以供给定产、供需平衡,有扩大外销战略、促进内销战略等。但经济生态其实与人的生态和广义的资源生态关系密切,不可能单纯在经济本身解决生态问题。

　　(4) 单纯人力资源生态关系

　　第3章已经提出人力资源生态的问题。人力资源的生产、培育、耗费过程形成了人力资源的基本生态系统。人力资源的生产指人类通过婚姻、家庭、生育产生新的后代的过程,人力资源的培育指生育的后代还不是实际的人力资源,还要经过抚育、教育、培训,才成为现实的人力资

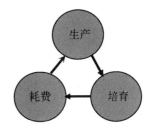

图 7-4　单纯人力的
生态过程

源,我们把这个过程简称为"培育"。人力资源的耗费指人力通过参加生产、流通的过程,耗费了劳动力,取得经济效益,以维持其人力资源的再生产、再培育过程,完成整个人力资源的生态过程。人力资源的生态运行如何,是受其区域人群的文化影响的。而且我们已经看出,人力资源的生态过程是和经济本身的生态过程相互交融、相互影响的。

　　经济既然是处理资源的学科,而许多自然资源又是最重要的稀缺资源,所以经济关系又是人和自然的关系,特别是人和自然的生态关系的重要部分。

　　而人与人群有关的道德、政治、文化与经济都是相关的。这本身就说明了经济是离不开道德的。一进入道德,就因人而异,就因人群而异,所以马克思分析完人类生产、流通、消费后提出,只有"政治经济学",而没有所谓超道德、超政治的纯"经济学"。经济既然要讲效益,在阶级社会中效益都是和阶级利

益相关的,当然就不存在离开政治的经济学说了。进一步,对资源利用的不同观点是与人类伦理和文化相关的,所以一切经济是受道德制约,受文化影响的。

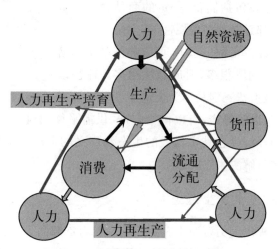

图7-5　简化的总经济生态过程模型

(5) 简化的经济总生态模型

从简化经济生态模型中主要可以看出四大生态链,第一是经济活动本身三个阶段生产、流通、消费;第二是经济活动的主体人的生态链,人是生产活动的参与者,但人又是生产成果的消费者,人享受消费,不仅是为了本人恢复和提高生产能力,还是为了人本身的再生产,生产出后续的生产力来;第三是经济活动的客体——自然资源,生产活动是在自然环境下对自然资源进行处理过程,而消费活动又产生废弃物,这些废弃物可以是污染破坏自然资源的,也可以是能进入新的生产循环的;第四是货币及其衍生物的生态,从流通需要产生的货币,反过来影响着经济的每个环节,因为经济目标的效益需要评价,而经济的定量评介需要一种代理,货币刚好充当了这个角色。而货币代理的角色一旦成立,其本身也成为一种资源,也存在生态链关系,货币的超量发行和应用,影响了实体资源的滥用和效率低下,以至严重影响经济生态运行。

该模型还是考虑了四类生态循环的简化的生态描述,实际生态关系要复杂得多,至少还要包括经济内部的产业之间的生态关系、文化对人和经济的生态关系,资源中熵补性资源间的关系等的复杂影响。

7.6.2　主要的经济模式

本书只就资源系统、控制论和系统论的视角分析经济模式。经济模式是指经济对象发展和控制的决策方式。下面分析就从经济对象、系统论、控制论的观点分析主要的经济模式。

（1）经济对象

经济对象是指经济体及其发展运动。经济体则是具有资源处理功能的实体。一个家庭可以是一个经济体,一个企业可以是一个经济体,一个国家、一个社群都可以是一个经济体。到目前为止研究比较多的主要是企业经济体和国家经济体,前者又可以称为微观经济体,后者常称为宏观经济体。其实虽然两者之间有包含和被包含的关系,控制与被控制的关系,但作为资源处理的基本功能实体来看,共性更多。特别是它们的发展运动的规律,必然有许多共同之处。只是在研究两者之间关系时才是区别不同的。

（2）经济体都是复杂对象、复杂系统

前述已经分析提出,复杂系统就是其系统构成大而复杂,含有的层次、组成部分和子系统多,其中含有不确定性关系多而复杂,需要复杂分析工具和算法,其系统约束条件和实现目的多元化,互相制约而复杂。经济系统应该是典型的复杂系统。

（3）必须用复杂系统的分析方法分析经济系统

复杂系统的分析方法范围很广,始终是现代科技研究的前沿,但应用复杂系统分析方法分析还是有一些基本原则可以遵循的。

系统论的原则:承认系统各组成部分间是有联系的,尽管在分析中可以对有些因素进行假设而简化系统,但作为全面分析最后结论,对这些关系是不能忽略不计的。系统整体功能和性能总是强于优于部分的功能性能的,最后评价应该落实在全面评价之上。

控制论原则:对于系统和复杂系统总是可以分成系统结构、系统约束条件、系统的输入和输出、系统要求达到的性能指标和系统控制与决策七个方面来研究分析的。尽管有的复杂系统的结构和约束条件尚不能清晰描述,但总是存在一定的描述的。复杂系统的性能指标都是多项目标,而且互相有牵制影响的,系统的控制是根据系统指标和系统结构、约束而决定的。复杂系统一般没有完全优化的一组最优解控制决策,但总可以得到满意解。许多确定性的系统或系统构成部分是可观测的,但还有些是难以直接观测的。

根据系统原则和控制原则分析复杂经济系统是经济分析的必然发展趋势。西方经济学界也越来越趋向经济的复杂系统分析,只是对分析原则应用并不全面。

(4)主要经济模式

现在实际被应用的主要的对经济发展控制的方式并不多。一类称为自由经济模式,一类称为有计划商品经济模式,还有就是具有政府控制发挥市场作用的中国特色社会主义市场经济模式。

自由经济模式是资本主义国家经济的传统经济模式,该模式原本不承认经济是复杂系统,只认为经济是资源处理过程。这个模式的运动目标是让通过生产获取利益,这个利益是各生产要素,包括资本、生产装备、劳动力和辅助条件各方有利可获取。虽然其在生产发展动力中注意到要有需求拉动,但与获利相比较,获利是优先的,满足需求是排在后面的。这种模式的经济控制实际被占有主要生产要素的资本方面所垄断,虽然其形式上否定了任何系统控制,提出具有自由的市场约束能够自动控制发展,虽然其实际会借用政府制定反垄断规则,但这种自相矛盾的控制说法实际不能避免垄断,而是形成全面垄断。从垄断资金、垄断资源到垄断市场、垄断研发、垄断价格,垄断话语权,一切都走向少数资本极权的垄断控制,从破坏本国经济生态走到破坏世界经济生态。

只要以数字增长为尺度的单一发展模式支配着世界的衡量标准,人类就很难废弃单纯工业化、城市化、GDP 的竭泽而渔的毁灭性选择。近几十年的环保运动提出了"可持续发展"和"可行性发展"的思想,正是要尝试着在发展的概念中重新恢复生命质量的原初含义。在 1999 年西雅图经济技术全球化的公民运动中,行动者喊出了"世界不是商品"的口号。甚至世界银行也在其社会发展计划中对发展作出重新定义,将与贫困作战、边缘人的主流化参与、社会互助等作为人的社会发展的基本取向。[21]

有计划商品经济模式是社会主义国家较普遍运行的经济模式。此模式承认经济的基本生态,把满足最广大人民的物质文化需求作为主要的经济目标。要达到这些目标就需要控制决策,这种控制决策主要通过制定和执行各类计划和规划来实现。如五年计划、年度计划、月度计划和中长期规划等,如国家计划、省市区计划等,如农业发展规划、工业发展规划、文化教育发展规划等。

这些计划是怎么制定的呢?一是根据几上几下过程从纵向、横向,从实际基层调查到各级汇总,再发下讨论集中后决定的;二是根据经济的所有约束条件包括资源约束、地区约束、技术约束、资金约束等综合平衡确定的逐步可持续发展的计划,而不是单纯根据有需求就生产的盲目型计划。这种计划在执行中也是可以调整和修改的。在信息化条件较差时,这类计划制定周期较长,在认识不统一时,某些领导的主观意见会在一定时间内影响计划的科学性。

中国特色社会主义市场经济模式是我国十八大后提出的新的发展模式。其最大特点是不仅把经济本身的生态性看重,而且把经济放在整个国家、民族乃至世界发展的大局中看待,提出全面发展的控制治理决策。全面发展就不仅只盯着经济发展、生产力发展,而是整个社会发展,包括政治、经济、文化、生态文明、道德水准各方面全面发展。发展的指标也是摒弃了单纯 GDP 增长的模式,而是以人民为中心的绿色生态的可持续发展指标集。由于系统本身结构是以人民为中心的社会主义公有制的模式,其指标也是满足广大人民的有计划比例的需求增长,所以其控制决策也是由代表人民的机构所作出的科学决策,并具有被人民检验和控制的机制。这样一种发展模式正在我国不断完善。

经济生态中的文化、政治、经济是人类处理资源的学科,经济过程中除了有物的参与和对物的改变外,还有人的参与,还有伴随经济过程的信息的改变和被处理。所以,经济目标和经济过程就离不开人和社会,当然也离不开一定社会人群的文化和他们的权益——政治。

在经济发展突飞猛进的同时,经济与文化、生态、政治制度、经济主体等方面的不协调已导致了一系列经济与社会问题,如:环境污染、能源危机、价值混乱、道德失衡、贫富分化等等,这关系到经济的长远发展和人类社会的进程。为此,众多有识之士对经济运行之合理性进行了广泛关注和深入思考。从理论发展历程来看,先后出现了**单纯追求经济增长的发展观、以人为中心的综合发展观、可持续发展观**等,这些在不同程度上对经济发展规律和要求进行了理论解释或实践论证,结论就是将经济置于普遍联系的环境中,全面处理好经济发展与其它因素的关系,努力实现经济、社会、自然的协调,使经济能够全面、健康地发展。然而,此类理论研究往往立足于问题的单一角度或部分层面寻求解决问题的出路。而没有从哲学上对经济存在与目的做出论证说明,这就难以从根本上来把握经济的实质问题,以及经济发展与人的发展之间的关系问题。马克思在创立自己的哲学之初,就向人们提出了"在现实中实现哲学"和"使哲学变成现实"的问题,但由于哲学向来被认为是"更高的即更远离物质经济基础的意识形态",在人们须臾离不开的社会经济生活领域,哲学实现程度仍十分有限。以至著名经济学家孙治方不得不发出这样的呼吁:经济理论上的许多争论,都涉及到哲学世界观方法论问题,注意从哲学的高度来回答这些问题就可以取得突破性进展。只有从根本上有力洞察和深刻把握经济,并且规范和设计经济运行模式,经济才不至于成为空中楼阁,避免日益走向"失根"状态。因此,必须从哲学的高度来审视经济,理解经济,把握经济。哲学的基本问题就是关于物质世界的本原问题,对经济发展过程中的诸多矛盾问题的研究,依然要从哲学的解放认识经济。整个世界都是一个不断运动变化的有机体,经济就是具有"生态"性的有机生命,表现为一个追求价值理性的自我运动发展过程。这里生态成为哲学层面的"生命"范畴,说明世间万物——无论是无机物或是有机物,无论是自然界或是人类社会,一切都是一个自我运动着的生命世界。经济就是遵循一定规律的有机生命体。经济是人类社会的经济,经济发展应以人类社会的健康全面发展为价值指向。单纯以 GDP 为经济发展的衡量指标,忽视经济发展中的诸多社会因素、片面追求经济高速增长,只能导致社会经济的扭曲和畸形发展,经济发展只能是以牺牲人类整体利益和持续发展为代价的短期利益的功利追求。只有符合人类长远利益、以实现人类整体长期存在为目标的经济增长才是合理而健康的经济运行方式,也才是"善"的经济。"经济生态"便是对经济发展问题研究的一种科学视角。

本章结语

资源运动的规则有其必然性和普遍性,也是人在处理对待资源中必须始终重视的问题。

(1)集成是复杂系统思想的一部分,是随着在复杂系统中研究和处置人与资源的关系,处置自然科学、思维科学和人的科学综合、融合研究中发展起来的。

(2)集成不是指事物一般的结合、整合、融合和一体化的趋向过程,而是指事物的系统化、有序化、柔性化的趋向和处置。"趋向"是客观存在的规律性发展的走向,"处置"是一类人类进行的有目的的活动。所有的系统化是在集成中完成的,有序化趋向的目标和本质是集成化,所以序化只是集成过程之一。柔性是产品性能品质高低的最根本性凝结,柔性也是生命体生命力根本性体现。柔性也是集成的目标,集成也是实现柔性的根本途径。

(3)知识集成是有别于信息集成的,是信息集成、过程集成和系统集成的更基础的集成工作,是形成集成生态的纽带。

(4)资源的熵增是资源量值的被耗费和总价值的减少、资源的熵减是量值增多和资源总价值的增加。

(5)信息资源和社会资源都具有熵减性。首先是其总量总是积累增加的,不会减少;其次这些资源发展是趋向集成有序化,柔性增强,有用程度增强,使用价值不断提高的。知识资源是信息资源中很大一块,人类的知识是人类认识世界的积累,随着对物质世界认识的深入,人类所发现和发明的物质资源也越来越多,越来越广,其中包括对新的资源的认识和对同一物质新的用途的发现。同时,人力资源本身也在知识的发展中有量的增加和质的提高,整个社会资源、社会关系也同时向前发展,使用价值增加。

(6)物质能源资源都有被耗费的特性。燃料被燃烧,空间被占据,水被用来灌溉、洗涤和饮用,纸张被印刷、写字等。金属材料、塑胶材料虽然可以被回收,但在使用中也有被氧化、磨损等消耗。人力资源中人类劳动力在使用消耗后要恢复,年老后要有后代更新,也是一种耗费性资源。所以,物质、能源和人力资源的耗费,使资源总价值量耗费、减少。

(7)两类不同熵性的资源在资源运动中同时存在时总是可以结合互补,

也必然会结合互补的,称之为:熵补性。

（8）生态其实是生命世界和资源世界之间的基本关系。这种基本关系是使得生命世界各方之间以及和资源世界之间能够持续和谐共生发展。资源生态更多地是体现在资源转换链的完整性、系统的自组织、自适应性和生命的周期性上。

（9）高校三大任务是知识资源的生产、传播和应用的典型体现,它们都是人主导下的工作,都是离不开学习能力支撑的过程。

总 结 语

在好友老师们的关心指导下,在南京大学出版社热心支持下,《泛资源分析》阶段性地完成了。在此感谢出版社老师热心的帮助和工作! 感谢南京大学闫世成教授、华东师范大学李明教授、南京师范大学余嘉元教授、清华大学李清教授、江南大学张基温、刘飞、屈百达等教授等对本书的审读和建议。本书旨在推出对资源的广义泛化的认识视界,对资源综合性学科的更全面深刻的认识,以利国家在新的现代化建设发展中对资源的全面开发、应用、保护能更科学、更符合生态规则、更切合客观实际。对资源分析的新的视界和研究关注的目标能否有所实现,尚待检验。

回顾本书,主要应用的分析方法是马克思主义唯物辩证法、系统工程分析法和信息科学思想。本书从泛资源的视角分析了资源的概念范畴、分类和性质;分析了现有表达资源对资源的表达,特别是相关结构型、关系型和过程型知识的表达工具;通过例子分析了资源的数学建模;分析了资源的评价,进而引出代理资源和评价资源的观念和相关分析;分析了资源伦理的几个重要问题;分析了社会生产中产品价值的基本来源过程,指出其是资源的变换过程,并分析了各类资源变换的特点;分析了人类财富观的演变和财富观与消费观的影响;分析了社会生产与消费中成本降低、效率提高和资源节约的基本途径是资源的替换;总结阐述了资源运动的集成性、熵补性和生态性规则。

跨学科的著述该如何进行作者尚缺乏经验。本书侧重于定性分析,对量化分析和实践验证尚薄弱。书中内容涉及跨学科和综合性领域，虽经努力，一人之力必然十分有限有缺，错误与谬误也必然会存在，诚望各界学者批评指正。联系电邮 zhaoznyi@jiangnan.edu.cn。更期望能有关注资源学科的群体来研究和推进该方面的研究。

人类和世界都正走入一个新的发展阶段，发展模式面临新的大演变已经成为必然趋势。全面发展和全面建成现代化社会需要全面认识和使用资源，对发展的核心要素人和资源的更客观、更全面、更科学的认识已经作为一类必修课摆在我们面前，人类必须加倍努力、扩展视界、扩大协作。

泛资源分析尚有许多重大内容本书还没有进行，比如资源需求、资源配置、资源流通、资源学习和学习资源、人力资源与知识资源的关系等。吾将继续求索努力。

赵曾贻

2020.12

参考文献

［1］封志明.资源科学的研究对象、学科体系与建设途径［J］.自然资源学报.第 18 卷第 6 期.2003.11.

［2］钟义信,著.信息科学原理［M］.北京:北京邮电大学出版社,1996.2.

［3］ISO TC184/SC5/WG1 Industrial automation systems——Concepts and rules for enterprise models http://www. mel. nist. gov/sc5wg1 1999 - April - 14 version.

［4］陈禹六,编.IDEF 建模分析［M］.北京:清华出版社.

［5］吴澄,主编.现代集成制造系统导论——概念、方法、技术、应用［M］.北京:清华大学出版社,2002.6.

［6］李维安,等著.现代企业活力理论与评价［M］.北京:中国财政经济出版社,2002.5.

［7］陈禹六.计算机集成制造(CIM)系统设计和实施方法论［M］.北京:清华大学出版社,1996.

［8］Visionary Manufacturing Challengce for 2020 the committee on visionary manufacturing challengce 1998.

［9］钱学森,主编.关于思维科学［M］.上海:上海人民出版社,1988.2.

［10］邓光君.国家矿产资源安全理论与评价体系研究［D］.北京:中国地质大学,2006.5.

[11] [英] 迈克尔·吉本斯等.《知识生产的新模式：当代社会科学与研究的动力学》,陈洪捷,沈钦,等译[M].北京：北京大学出版社,2011年.

[12] 何华灿,等著.泛逻辑学原理[M].北京：科学出版社,2001.8.

[13] 周德群.资源概念拓展和面向可持续发展的经济学[J].当代经济科学,1999年第1期.

[14] 史忠植,著.知识发现[M].北京：清华大学出版社,2002.4.

[15] 李清,陈禹六,编著.企业信息化总体设计.北京：清华大学出版社,2004年8月.

[16] 黄顺基,苏越,黄展骥,主编.逻辑与知识创新 [M].北京：中国人民大学出版社,2002.4.

[17] [美] Robert Rycroft, Don Kash,著.李宁,译.《复杂性挑战：21世纪的技术创新》.北京：北京大学出版社 2016.9.

[18] 张基温.服务——人类社会第四核心资源.《江南大学学报（人文社会科学版)》2007年第6期.

[19] 戴汝为.钱学森论大成智慧工程.[J].北京：中国工程科学,2001年第3卷.

[20] 张尧学,主编.大数据导论.北京：机械工业出版社,2018.8.

[21] [法] 于硕."发展"概念与跨文化生态,北京.[M].小康社会的文化生态与全面发展.北京师范大学出版社,2005.1.

[21] 王少豪,著.高新技术企业价值评估[M].北京：中信出版社,2002.1.

[22] 张文修,梁怡,吴伟质,编著.信息系统与知识发现.北京：科学出版社,2003.9.

[23] 吕廷杰,编著.网络经济与电子商务.北京：北京邮电大学出版社,1999.11.

[24] 靳相木,柳乾坤.自然资源核算的生态足迹模型演进及其评论[J].《自然资源学报》,2017年01期.

[25] 丁晓钦,柴巧燕.数字资本主义的兴起及其引发的社会变革——兼论社会主义中国如何发展数字经济[J].《毛泽东邓小平理论研究》2020年第6期,2020.11.